MANUEL

DU

PHYSICIEN

DIVERTISSANT

OU

RECUEIL D'EXPÉRIENCES

tirées de la Physique

ET DE LA CHIMIE

POUR L'AMUSEMENT D'UNE SOCIÉTÉ

avec 24 figures gravées.

A PARIS,

chez DELARUE, Libraire-Éditeur.

LILLE, chez BLOCQUEL-CASTIAUX.

[illegible]

[illegible]

UN SAVANT PHYSICIEN

dans son cabinet.

MANUEL

DU

PHYSICIEN

DIVERTISSANT

OU

RECUEIL D'EXPÉRIENCES

tirées de la Physique

ET DE LA CHIMIE

POUR L'AMUSEMENT D'UNE SOCIÉTÉ

avec 24 figures gravées.

A PARIS,

chez DELARUE, Libraire-Éditeur.

LILLE, chez BLOCQUEL-CASTIAUX.

1866

Lille , typ. de Blocquel-Castiaux.

AMUSEMENTS DE PHYSIQUE

DE CHIMIE , etc.

Moyen de rendre hideux les visages d'une réunion de personnes.

Mettez dans de l'esprit de vin, du safran et de l'hydrochlorate de soude , agitez cette liqueur , jetez dedans des étoupes enflammées et éteignez les bougies , le visage de chaque personne paraîtra d'un vert livide et les lèvres seront couleur de bronze.

Moyen qu'il faut employer pour paraître avoir la figure en combustion.

Si l'on se frotte la figure avec le phosphore liquide , en ayant soin de fermer les yeux , l'aspect est hideusement effroyable ; toutes les parties de la face paraissent couvertes d'une flamme languissamment lumineuse , de couleur d'un blanc bleuâtre , tandis que les yeux et la bouche y sont figurés comme des tâches noires.

Enflammer un métal en le jetant dans l'eau froide.

Si l'on projette du potassium (métal extrait de la potasse) sur l'eau, il se roule en globules de feu à sa surface, avec un dégagement bien marqué de calorique et de lumière.

Singulier microscope.

Faites, avec une grosse aiguille, un trou bien rond dans une lame de plomb fort mince ; faites tomber dans ce trou une goutte d'eau très-pure, en ayant soin que cette goutte remplisse le diamètre du trou ; si vous regardez de petits objets au travers de cette goutte d'eau, ils vous paraîtront cent cinquante fois plus gros qu'ils ne le sont réellement.

Singulières ondulations.

Mettez trois parties d'eau dans un verre, versez dessus une partie d'huile, et laissez le reste du verre vide, afin que les bords mettent le fluide à l'abri du vent ; entourez-le circulairement d'une ficelle ; attachez deux cordons de la même ficelle, l'un d'un côté, l'autre de l'autre, et suspendez le verre par ses deux anses ; en lui donnant un mouvement de balancement, l'eau sera fortement agitée, mais l'huile restera sans mouvement.

Faire passer un œuf dans une bague.

Faites tremper un œuf dans le vinaigre ; la coquille étant détruite par cet acide , l'œuf devient mou , flexible , et peut traverser une bague , et après s'être allongé , il reprendra sa première forme.

Faire tirer un coup de fusil chargé à balle , sans que l'objet sur lequel on tire en puisse être atteint.

Après avoir mis dans le fusil quelques grains de poudre seulement , on y glisse la balle , et l'on met tout le reste de la charge de poudre par-dessus. L'explosion pourra être très-forte mais la balle tombera aux pieds du tireur.

Mettre le feu à un corps combustible par le contact de l'eau froide , ou de la glace.

Si on laisse tomber dans une soucoupe pleine d'eau un morceau de potassium de la grosseur d'un grain de poivre équivalant à environ 1 décigramme ; ce potassium deviendra aussitôt rouge de chaleur avec une légère explosion , et il brûlera vivement sur la surface de l'eau , en dardant en même temps du feu d'un côté du vaisseau à l'autre , et avec une grande violence , sous la forme d'une boule rouge de feu.

Placer un charbon, faire brûler du papier sur un mouchoir ou le mettre sur la flamme d'une bougie, sans le brûler.

Prenez une boîte de montre, couvrez la partie convexe avec le bout d'un mouchoir, en faisant en sorte qu'il ne soit pas double; pressez fortement toutes les parties de ce mouchoir contre le métal en les tenant bien tendues, par la torsion, du côté du verre. Cela fait, vous pouvez placer sur le mouchoir un charbon ardent, brûler du papier, etc.; sans brûler le mouchoir Ce phénomène est dû à ce que le calorique ne se fixe point sur la toile, il ne fait que la traverser pour se porter sur le métal. On fait également cette expérience, en société, avec tout autre corps métallique.

Pour dorer l'écriture.

On se sert au lieu d'encre, d'un liquide connu dans le commerce sous le nom de *mordant* et on écrit comme de coutume : quand l'écriture est sèche, on souffle son haleine légèrement dessus, et on y applique de suite de l'or en poudre, ou de préférence une feuille d'or qu'on y fait adhérer avec force au moyen d'une légère pression ; on frotte le tout avec un pinceau de blaireau.

Palais magique.

Tracez sur le plan hexagone ABSDEF (Voyez figure 1), qui sert de base à cet édifice , les six demi-diamètres GA , GB , GS , GD , GE , GF, et élevez perpendiculairement sur chacun d'eux , deux miroirs plans (1) , lesquels se joignent tous exactement au centre G (2) , ornez les objets extérieurs de cette pièce (c'est-à-dire ceux qui se trouvent vers les angles saillants de cet hexagone) , de six colonnes et de leurs entablements , qui puissent servir en même temps à soutenir et contenir ces miroirs par des rainures ménagées vers les côtés intérieurs de ces colonnes (Voyez le plan et le profil, figure 1) couvrez ce petit édifice de telle façon que vous jugerez convenable.

Disposez dans chacun des six espaces triangulaires compris entre deux de ces miroirs , de petits objets de carton faits en relief (3) , représentant six différents sujets qui puissent, en prenant une forme hexagone , produire un effet agréable ; et ayez soin surtout de masquer

---

(1) Ces deux miroirs doivent être adossés l'un contre l'autre , et il faut les choisir le moins épais qu'il est possible , tels que les glaces d'Allemagne ; il serait même nécessaire qu'ils fussent taillés en biseau vers leur jonction.

(2) L'ouverture de ces miroirs doit former un angle de 60 degrés.

(3) On peut ajuster dans cette pièce différentes petites figures d'émail.

par quelque objet qui ait rapport au sujet, la plus grande partie de l'endroit où se joignent les miroirs, qui, comme on l'a dit ci-dessus, doivent tous tendre au centre commun G.

Fig. 1.

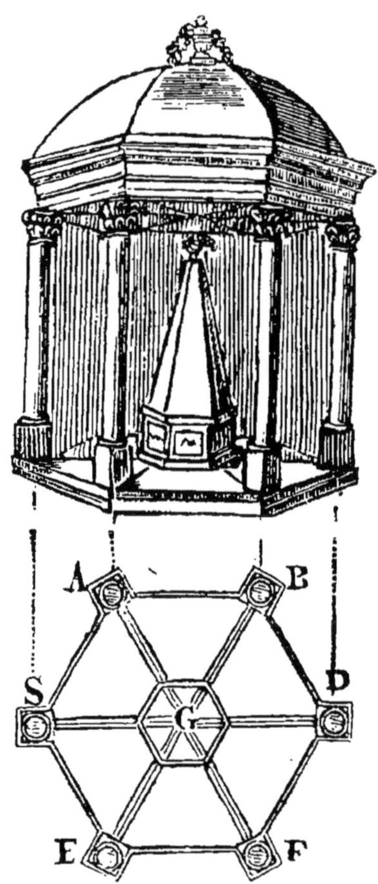

Lorsqu'on regardera dans l'une ou l'autre des six ouvertures de ce palais magique, comprise entre deux de ces colonnes, le sujet qui aura été disposé dans chacun des espaces triangulaires intérieurs étant répété six fois, paraîtra remplir totalement ce petit édifice ; ce qui produira une illusion assez extraordinaire, si les sujets choisis sont convenables à l'effet que produit la disposition des miroirs.

NOTA. Si on place entre deux de ces miroirs une partie de fortification, telle qu'une courtine et deux demi-bastions ; on apercevra une citadelle entière entourée de six bastions ; si l'on représente quelque portion d'une salle de bal, ornée de lustres et de personnages, on apercevra tous ces objets multipliés, et dans une disposition agréable à voir.

Cette pièce peut se construire également sur une base triangulaire ou carrée, et elle est également agréable ; mais alors on ne peut y mettre que trois ou quatre sujets différents ; les parties de ces sujets qui sont parallèles aux côtés de ces édifices, prennent toujours une forme semblable à sa base.

Une pièce d'argent ayant été mise dans une assiette, en faire paraître deux.

Remplissez d'eau claire un gobelet de verre, et mettez-y une pièce de monnaie (par exemple une pièce de deux francs) ; posez une main sous l'assiette dont vous devez couvrir ce gobelet et l'autre sur le gobelet, renversez le tout promptement, afin que l'air n'ayant pas le temps d'entrer, l'eau ne puisse s'échapper.

Si l'on regarde la pièce qui se trouvera alors

sur l'assiette, elle paraîtra de la grandeur d'une pièce de 5 francs, et on la verra en outre dans sa même grandeur, un peu élevée au-dessus de cette première : ce qui fera croire à ceux qui ne connaissent pas les effets singuliers de la réfraction, qu'il y a effectivement sous le gobelet une pièce de 5 francs et une pièce de 2 francs. Lorsqu'on sera assuré qu'on s'imagine qu'il y a deux pièces, on enlèvera le gobelet, et l'illusion cessera.

Manière de couper le verre avec le feu et l'eau.

Prenez un verre à patte, uni et peu épais, et avec une mèche soufrée et allumée, chauffez jusqu'a ce qu'il s'y fasse une petite fêlure ; conduisez cette mèche le long de cette fêlure, en tournant autour du verre et en suivant une ligne inclinée, qui, après cinq ou six circonvolutions, aboutisse au pied du verre, et vous ferez de ce verre une espèce de ruban dont les circonvolutions se soutiendront quoique séparées, lorsque vous soutiendrez ce verre dans une situation renversée, et se rejoindront lorsque vous le remettrez dans sa situation naturelle.

Nota. On peut se servir de cette méthode pour couper des tubes de verre ; ce qui se pratique aussi en faisant un petit trait avec une lime à l'endroit où on veut les séparer, et en le faisant éclater à cet endroit, au moyen d'un fer chaud et anguleux qu'on y applique, et que l'on conduit suivant la direction que l'on a tracée.

Le verre à vitre qu'on ne peut couper avec des ciseaux sans le briser en pièces , se coupe assez facilement si on tient et le verre et les ciseaux plongés entièrement dans l'eau.

Moyen d'une exécution facile pour rompre un verre dans toute direction voulue.

On trempe un morceau de fil , travaillé ou tissu , dans de l'esprit de thérébentine , et après avoir entouré le verre avec le fil dans le sens où l'on désire qu'il soit rompu , on met le feu à ce fil , ou bien l'on applique un fil métallique de 5 à 6 millimètres de diamètre , et rouge de chaleur , autour du verre , et si cela ne le fait pas craquer immédiatement , on jette de l'eau froide sur le verre , tandis que le fil métallique est encore chaud.

Fondre une pièce de monnaie dans une coquille de noix sans la brûler.

Mettez une pièce de six liards dans une coquille de noix que vous remplirez avec un mélange d'une partie de soufre en poudre et de râpure de bois bien fine, et de trois de nitrate de potasse desséché dans une cuiller de fer ; allumez, et, quand le tout sera en fusion, vous verrez la pièce fondue et rouge sous forme d'un bouton qui acquiert de la dureté par le refroidissement. Dans cette opération, la coquille de noix est très-peu endommagée.

Séparer en deux parties une pièce de monnaie selon son plan.

Posez sur trois clous d'épingle que vous aurez enfoncés dans un morceau de bois, une petite pièce de monnaie de cuivre ou d'argent ; mettez du soufre dessous cette pièce, et l'ayant couverte également en dessus, allumez-le.

Lorsque le soufre sera éteint, si vous retirez cette pièce, vous la trouverez ordinairement partagée en deux parties égales selon son plan, sans que pour cela son empreinte cesse de paraître de chaque côté de ces deux différentes parties, excepté que sur l'une d'elles, elle sera en creux au lieu d'être en relief.

La partie la plus subtile du soufre s'insinue de part et d'autre entre celles du métal que le feu a dilatées, et y forme une couche de matière grasse et étrangère qui empêche la réunion.

Liqueur qui brille dans les ténèbres.

Prenez un petit morceau de phosphore d'Angleterre, de la grosseur environ d'un petit pois, et l'ayant coupé en plusieurs morceaux (*) , mettez-le dans un demi-verre d'eau bien claire , et faites-la bouillir dans un petit vase de terre à feu très-modéré ; ayez un flacon long et étroit de verre blanc avec son bouchon de même matière , qui le ferme bien exactement , et l'ayant ouvert , mettez-le dans l'eau bouillante ; retirez-le, videz-en tout l'eau et versez-y sur le champ votre mélange tout bouillant ; couvrez-le aussitôt avec du mastic , afin que l'air extérieur ne puisse en aucune façon y pénétrer.

Cette eau brillera dans les ténèbres pendant plusieurs mois , sans même que l'on y touche ;

Fig. 2.

et si on la secoue dans un temps chaud et sec , on verra des éclairs très-brillants s'élancer du milieu de l'eau.

Nota. On peut se procurer quelques amuse-

(*) Il faut beaucoup de précaution pour se servir de ce phosphore et on ne doit pas le prendre avec les doigts , mais avec une carte qu'on aura trempée dans l'eau , attendu que non-seulement il est très-facile à s'enflammer , particulièrement lorsqu'on l'écrase ou qu'on le frotte, mais qu'il serait difficile d'éteindre les petites parties qui s'attacheraient aux doigts , et auxquels elles occasionneraient une brûlure considérable : le moyen d'y remédier serait de tremper sa main dans l'urine ; tout autre chose ne servirait qu'à l'enflammer davantage.

Phys.   2

ments avec ce phosphore liquide, en entourant le flacon qui le contient d'un papier noir sur lequel on aura découpé quelques mots que l'on pourra faire lire dans l'obscurité (Voyez la figure 2) ; et comme on peut non-seulement faire paraître deux mots différents sur les côtés opposés de ce flacon , mais aussi cacher avec le doigt quelques-unes des lettres qui les composent afin d'en former d'autres mots, il semblera qu'on les fait paraître à volonté.

Imitation des éclairs.

Ayez un tuyau de fer-blanc de la forme d'un flambeau (Voyez la figure 3), dont le côté **A** ,

Fig. 3.   Fig. 4.

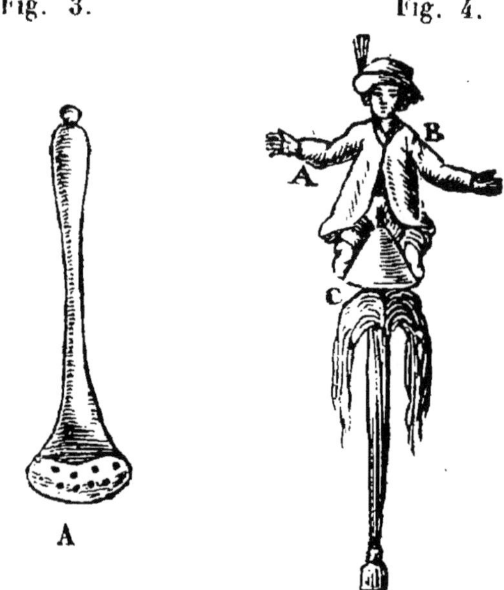

qui doit être plus gros , soit percé de plusieurs

petits trous , et puisse s'ouvrir ; mettez-y de la poix-résine réduite en poudre.

Si l'on secoue cette poudre sur la flamme d'un flambeau allumé , il se fera une inflammation subite qui , répandant une lumière considérable , imitera bien les éclairs (*).

Jet d'eau sur lequel une figure monte et descend , et se soutient en équilibre.

Ayez une petite figure de liége AB (Voyez figure 4) , que vous peindrez ou habillerez d'une petite étoffe légère , comme vous jugerez à propos , et dans l'intérieur de laquelle vous ajusterez le petit cône creux et renversé C que vous formerez avec du laiton en feuille très-mince.

Lorsque cette petite figure sera posée sur un filet ou jet d'eau s'élevant perpendiculairement, elle restera en équilibre sur l'eau , et elle tournera , montera et descendra en faisant divers mouvements.

Nota. Si on pose sur un pareil jet d'eau une boule de cuivre creuse, d'un pouce de diamètre très-mince et fort légère , elle y restera en équilibre et tournera continuellement sur son centre , et répandant l'eau hors de sa surface.

(*) Il ne faut pas qu'on voie la flamme , mais seulement la lumière qu'elle produit , comme on le pratique lorsqu'on imite les éclairs sur nos théâtres.

Vase dont l'eau s'échappe par le dessous aussitôt qu'on
le débouche.

Faites faire un vase de fer-blanc de deux ou
trois pouces de diamètre, et de cinq à six pouces
de hauteur, dont le goulot ait seulement trois
lignes d'ouverture ; percez le fond de ce vase
d'une grande quantité de petits trous de grosseur à y passer une aiguille à coudre.

Ce vaisseau ayant été plongé dans l'eau, le
goulot étant ouvert et s'en étant rempli, si on
bouche exactement cette ouverture, et qu'on le
retire de l'eau, elle ne sortira en aucune façon ;
mais si on la débouche, l'eau s'échappera aussitôt par les petits trous faits au fond du vase.

Nota. Si les ouvertures faites au fond du vase
excédaient une ligne de diamètre, ou qu'elles
fussent en trop grande quantité, l'eau s'échap-
perait quoique ce vase fût bouché, l'air qui
presse de tous côtés la bouteille trouvant alors
le moyen d'y pénétrer.

On fait une expérience à peu près semblable
avec un verre qu'on remplit d'eau, et sur lequel on pose une feuille de papier ; on renverse
ce verre en soutenant ce papier avec la main
qu'on retire aussitôt, et l'eau y reste suspendue.

Rallumer avec la pointe d'un couteau une chandelle
qu'on vient d'éteindre.

Mettez au bout de la pointe d'un couteau un
petit morceau de phosphore d'Angleterre, de

la grosseur tout au plus d'un petit grain de millet, et ayant mouché une chandelle, éteignez-la à dessein ; prenez aussitôt votre couteau, posez sa pointe sur le lumignon de cette chandelle, en écartant un peu la mèche, et vous la verrez aussitôt se rallumer : observez de ne pas la moucher de trop près, afin qu'il y reste assez de chaleur pour ranimer plus promptement les parties du phosphore.

Nota. Il ne faut pas toucher ce phosphore avec les doigts ; pour prévenir tout accident, il faut avoir soin de les mouiller avant ; on conserve ce phosphore en le mettant dans une petite fiole remplie d'eau, on en coupe une petite parcelle lorsqu'on en a besoin, et on le remet sur-le-champ dans l'eau, sans quoi il pourrait s'enflammer.

Construire deux petites figures dont l'une souffle la chandelle et l'autre la rallume aussitôt.

Ayez deux petites figures quelconques ; et mettez-leur dans la bouche un tuyau de la grosseur d'une petite plume, mettez dans l'un d'eux un très-petit morceau de phosphore d'Angleterre et dans l'autre quelques grains de poudre à tirer, que vous boucherez d'un petit fétu de papier pour l'empêcher de tomber. Présentez cette dernière figure à la flamme d'une bougie, et la poudre venant à s'enflammer, produira une petite explosion qui l'éteindra, approchez aussitôt l'autre figure, et le phosphore

qui est à l'extrémité de son petit tuyau , rallu-
mera aussitôt cette bougie.

*Éteindre une bougie et en allumer une autre du même
coup de pistolet.*

Placez deux bougies à côté l'une de l'autre;
l'une allumée et bien éméchée , l'autre éteinte
et ayant à l'extrémité de sa mèche une parcelle
de phosphore , tirez à une distance de cinq ou
six pas sur ces bougies un pistolet chargé à
poudre , aussitôt la commotion de l'air éteindra la bougie allumée , et en même temps le
phosphore allumera l'autre.

*Faire qu'une personne ne puisse changer de place un
verre rempli d'eau sans le renverser en entier.*

Proposez à une personne de parier contre
elle, qu'ayant rempli d'eau un verre, et l'ayant
posé sur la table , elle ne pourra le changer
de place sans renverser entièrement l'eau qui
y sera contenue. Emplissez alors un verre d'eau
et ayant appliqué par-dessus un morceau de
papier qui couvre l'eau et les bords du verre ,
posez la paume de la main sur ce papier, et
prenant le verre de l'autre main , renversez-le
promptement et placez-le sur une table dans
un endroit qui soit assez uni , retirez doucement le papier ; l'eau contenue dans le verre y
restera suspendue, attendu que l'air n'y pourra

entrer , ainsi de quelque manière que celui contre lequel vous aurez parié , s'y prenne , il ne pourra l'ôter de sa place , sans que l'air y entre , et que l'eau se répande entièrement.

L'écriture brûlée.

Ayez un petit portefeuille de carton , et couvrez-le par-dessus d'un papier noir : disposez sur un de ses côtés intérieurs une petite porte aussi de carton , ouvrant à charnière , et qui soit prise sur le carton même qui forme un des côtés du portefeuille ; observez qu'il ne doit y avoir sur cette ouverture , que le seul papier noir qui couvre ce portefeuille , et sur lequel il doit appuyer lorsqu'il est fermé.

Prenez du noir de fumée , et le mêlez avec un peu de savon noir ; frottez légèrement avec cette composition , le dessus du papier qui couvre le portefeuille , c'est-à-dire à l'endroit où il couvre l'ouverture faite en carton. Essuyez bien ce papier jusqu'à ce qu'en posant entre lui et cette petite porte un papier blanc , ce dernier ne se trouve pas tâché.

Ayez un crayon de pierre noire qui ait un peu de pierre à marquer , et une petite boîte plate de la grandeur d'un petit carré de papier , qui puisse s'ouvrir des deux côtés sans qu'on s'en aperçoive ; remplissez le portefeuille , de plusieurs petits carrés de papier de même grandeur.

Lorsqu'on aura inséré un papier blanc entre

la porte et la couverture de ce portefeuille, et qu'on l'aura fermée, si l'on pose alors un autre papier sur ce portefeuille, à l'endroit sous lequel se trouve le premier papier, et qu'on y écrive avec un crayon noir qui oblige à appuyer un peu sur le papier ; les mêmes caractères se trouveront transcrits sur le papier qui y aura été renfermé.

On présente à une personne un crayon et un papier qu'on place sur ce portefeuille à l'endroit convenable (*), et on lui dit d'écrire sur ce papier un mot, tel qu'elle voudra, et de le garder par devers elle, on reprend de ses mains le portefeuille, et on lui propose de brûler sur une assiette le papier sur lequel elle a écrit, et d'en conserver les cendres. Pendant cet intervalle, sous prétexte d'aller prendre dans un cabinet voisin la boîte à deux ouvertures ci-dessus, on ouvre le portefeuille, on en retire le papier sur lequel se trouve retranscrit le mot qui a été écrit, et on l'insère dans un des côtés de cette boîte, et en y mettant au-dessus un peu de cendre de papier brûlé : on rapporte cette boîte et un autre portefeuille semblable, mais où il n'y a pas de porte ; on la donne à la personne afin qu'elle y choisisse un papier blanc ; on ouvre ensuite la boîte du côté où il n'y a rien, et on y met ce papier avec la cendre de la carte qui a brûlé : on ferme la boîte, on la secoue, et la tournant adroitement

---

(*) Il faut mettre ce papier sur le portefeuille sans affectation, et le présenter à la personne comme si c'était pour qu'elle écrive plus commodément.

on l'ouvre de l'autre côté , en la présentant à la personne , afin qu'elle en tire elle-même le papier , sur lequel elle est fort surprise de voir transcrit dans son même caractère le mot qu'elle a écrit et brûlé.

NOTA. Si l'on veut réserver une deuxième ouverture sous l'autre côté du portefeuille , au lieu de frotter de noir le papier qui la couvre , on le frottera avec de la sanguine ou crayon rouge. Le portefeuille étant ainsi préparé , on aura l'avantage de donner à choisir un crayon rouge ou noir à celui qui se proposera d'écrire , et selon le choix qu'il en fera , on présentera l'un ou l'autre côté du portefeuille.

Faire sortir des globes enflammés de l'eau.

Après avoir empli d'eau à moitié un verre à boire , si l'on jette dans cette eau un morceau de phosphure de chaux , après quelques instants , il s'élève à la surface de l'eau de petits globes qui font explosion en donnant une flamme brillante , et chaque explosion est suivie d'une fumée blanche et épaisse qui s'élève lentement sous forme de couronnes.

Avaler la flamme d'une bougie sans se brûler.

Approchez une bougie des lèvres et aspirez très-fortement , dès lors la flamme pénétrera dans la bouche sans vous brûler , car par l'aspiration vous l'empêcherez de se fixer sur les lèvres.

Manière d'aimenter une lame d'acier , sans le secours d'aucun aiment naturel ni artificiel.

Prenez une lame d'acier non trempée , d'environ trois pouces de long, trois à quatre lignes de large, et une demi-ligne d'épaisseur ; un morceau de ressort de pendule détrempé peut servir à cette expérience. Ayez une pelle et des pincettes (Voyez la figure 5), plus elles ont servi , plus elles sont grandes, et meilleures elles sont. Tenez la pelle verticalement entre vos deux genoux , attachez cette lame d'acier vers A , de façon que l'extrémité que vous destinez pour être le nord , soit tournée en bas ; et afin qu'elle ne puisse pas glisser , serrez-la contre cette pelle ou fourgon avec un cordon de soie: prenez ensuite les pincettes , et les tenant presque verticalement , frottez-en cette lame en allant toujours de bas en haut: lorsque vous aurez réitéré douze à quinze fois cette opération sur les deux côtés de cette lame , elle aura acquis une vertu magnétique suffisante pour soulever des pe-

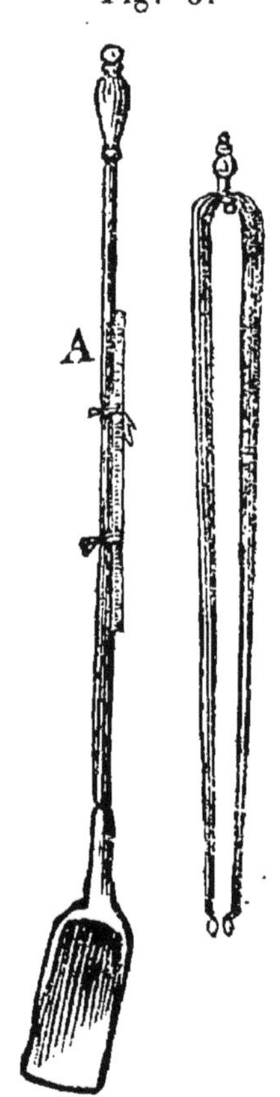

Fig. 5.

tits clous par son extrémité inférieure : cette
découverte est celle qui a été faite en Angleterre par M. Canton.

Cadran magnétique horizontal.

Faites faire par un tourneur un cadran (Voyez
figure 6), de trois à quatre pouces environ de
diamètre , dont le pied B qui doit être mobile ,

Fig. 6.

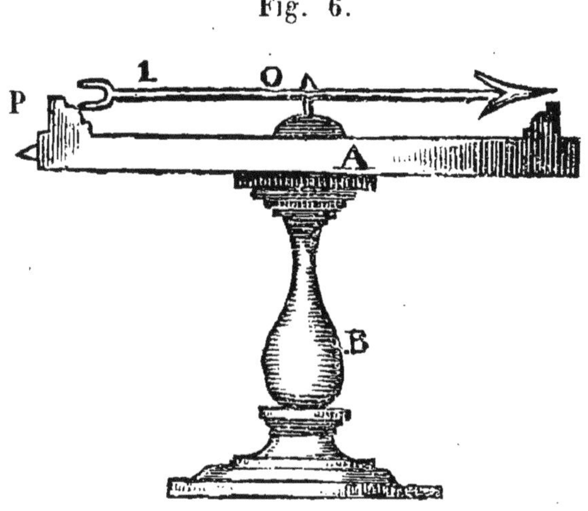

tourne un peu juste dans le cercle de dessus A.
Placez sur ce cercle A , un cadran de carton C ,
sur lequel vous marquerez le nombre 1 jusqu'à
12 , après l'avoir divisé en douze parties égales
entre elles (Voyez figure 9). Le cercle A doit
avoir une petite rainure pour contenir les bords
du cercle du cadran qui doit être fixé sur la tige
du pied B; cette pièce doit enfin être construite,
de façon qu'en tournant le pied de ce cadran , le

Dessin du cadran magnétique horizontal
dont il est parlé page 23.

Dessin du cadran horizontal pour la récréation expliquée page 28.

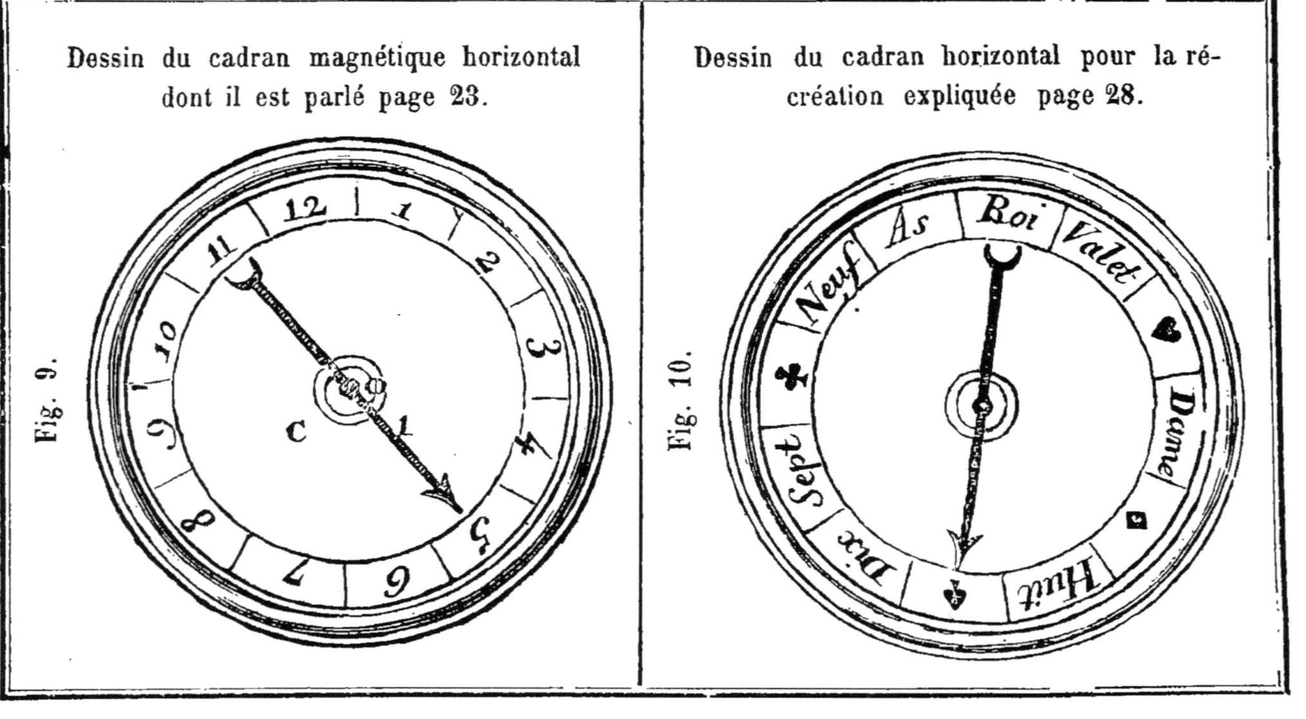

cercle de carton puisse tourner sans le cadre qui lui sert de bordure.

Placez entre ce carton et le dessous du cercle qui lui sert de cadre, une lame d'acier aimentée E (Voyez figure 7), percée en son milieu d'un trou suffisant pour laisser passer la tige du pied B, fixez cette lame à demeure sur le cercle A. Mettez en dehors de ce cercle une très-petite pointe P, placée vers l'extrémité du sud de la lame E, afin de pouvoir reconnaître

Fig. 7.

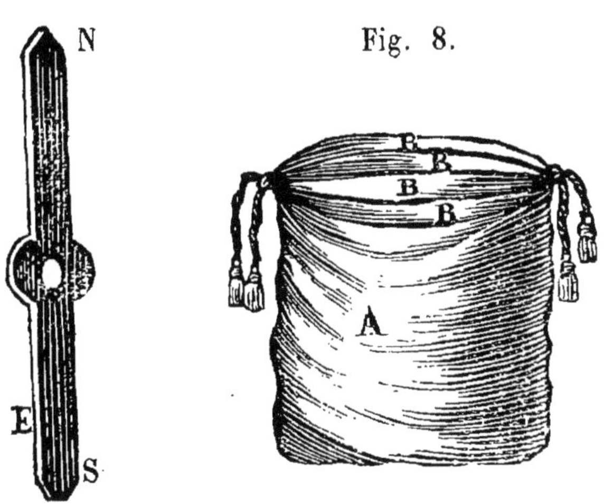

l'endroit où doit s'arrêter le nord ou la pointe de l'aiguille aimantée I, qui doit tourner librement sur le pivot O, mis au centre du cercle de carton C.

Ayez en outre un petit sac A (Voyez la figure 8), divisé en trois ou quatre parties différentes B, construit à peu près comme les sacs

Phys.   3

à ouvrage dont les dames se servent , il importe peu de quelle étoffe , pourvu cependant qu'elle ne soit pas trop claire.

Insérez dans la première division de ce sac douze petits carrés de carton , sur lesquels vous transcrirez les nombres 1 jusqu'à 12 , et dans chacune des autres divisions vous y mettrez douze cartons de même forme et grandeur , mais dont les chiffres soient les mêmes dans chaque division, c'est-à-dire que dans la deuxième division il doit y avoir, par exemple, douze nombres 7 , dans la troisième , douze nombres 10 , etc. , suivant la quantité de divisions faites à ce sac.

Lorsqu'on aura disposé le cadran en le faisant tourner de manière qu'un de ces nombres se trouve placé directement vis-à-vis la petite pointe qui est sur le bord de son cercle , et qu'ensuite on fera tourner l'aiguille aimentée en la posant sur son pivot , elle s'arrêtera immanquablement sur ce nombre , attendu qu'elle doit prendre la même direction que la lame aimentée cachée au-dessous d'elle , et que le nord de cette aiguille désigné par sa pointe , doit se trouver directement au-dessus du sud de cette lame.

A l'égard du petit sac , il est fort facile , en l'ouvrant , de faire prendre un des cartons contenus dans l'une ou l'autre de ses divisions.

Récréations qui se font avec le même cadran.

I.

Après avoir secrètement disposé le cadran sur des nombres semblables contenus dans une des divisions de ce sac , on tirera de sa première division tous les nombres 1 à 12 , et on les fera remarquer à ceux devant qui on fait cette récréation ; on les remettra ensuite dans ce sac.

On présentera alors à une personne une des divisions du sac , où tous les nombres sont semblables à celui sur lequel on a disposé le cadran , et on lui dira d'en prendre un au hasard, et de le tenir caché dans sa main, plaçant ensuite l'aiguille sur son pivot , et la faisant tourner aussitôt , elle s'arrêtera sur le nombre que cette personne aura cru choisir à son gré.

On pourra recommencer sur-le-champ cette récréation , en disposant adroitement le cadran sur un des nombres semblables contenus dans une des autres divisions de ce sac.

II.

Vous ferez tirer par deux personnes dans deux différentes divisions de ce sac , et à chacune un seul nombre et leur direz que si les deux nombres qu'elles ont choisis étant joints ensemble , excèdent celui de douze , l'aiguille indiquera l'excédent et que si au contraire ils ne l'excèdent pas , elle indiquera le montant des deux nombres, ce qu'on exécutera en préparant à l'avance la petite pointe sur le 5 , si l'on veut faire tirer les nombres 10 et 7 , ou en la disposant sur le 9 , si on doit faire tirer les nombres 6 et 3. Cette récréation faite à la suite de la précédente , fera paraître l'effet de ce cadran plus extraordinaire.

III.

Au lieu de douze nombres portés dans les douze divisions de ce cadran , transcrivez-y les noms des quatre couleurs des cartes à jouer, et ceux des huit figures différentes qui composent un jeu de piquet ; disposez-les dans les divisions de ce cadran , ainsi qu'il suit (Voyez fig. 10).

1.re case. . .	As.	7.e . .	Huit.
2.^e	Roi.	8.e . .	*Pique.*
3.^e	Valet.	9.e . .	Dix.
4.^e	*Cœur.*	10.e . .	Sept.
5.^e	Dame.	11.e . .	*Trèfle.*
6.^e	*Carreau*	12.e . .	Neuf.

Ayez deux aiguilles semblables A et B (Voyez figure 11), que vous puissiez cependant distinguer l'une de l'autre , aimantez-les de manière qu'à l'une la pointe désigne le nord , et qu'à l'autre cette même pointe désigne le sud.

Lorsque vous placerez sur le pivot de ce ca-

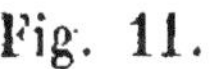

Fig. 11.

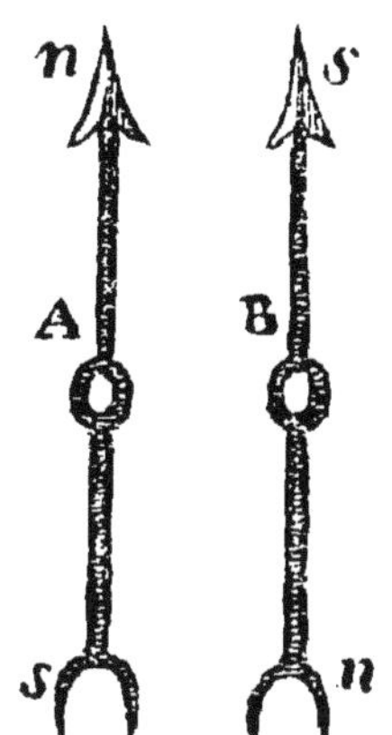

dran l'aiguille dont la pointe désigne le nord, et que vous la ferez tourner, elle s'arrêtera sur celle des quatre couleurs des cartes sur laquelle vous aurez disposé la petite pointe qui, comme on l'a dit ci-dessus, se trouve placée vers le sud de la lame aimantée renfermée sous lè cadran (que l'on suppose sur la figure 10, être pique). Retirant cette aiguille, et substituant l'autre, elle indiquera le *Roi*, qui se trouve diamétralement opposé au mot *Pique* : il en sera de même des autres figures auxquelles les couleurs sont diamétralement opposées.

NOTA. Des huit figures indiquées sur ce cadran, il n'y en a que quatre qui servent, savoir : le *Roi*, la *Dame*, le *Neuf* et le *Sept* ; les autres n'y sont transcrites que pour les compléter et elles ne peuvent par conséquent être employées pour la récréation qui suit : elles peuvent servir néanmoins pour la récréation qu'on trouvera à la suite de celle-ci.

IV.

Donnez à tirer dans un jeu de piquet la carte sur laquelle vous aurez préparé ce cadran, ce qui est fort facile en se servant d'un jeu où cette carte soit plus large que les autres , afin de pouvoir la sentir au tact , et la présenter de préférence ; dites à la personne qui l'aura tirée de ne pas la laisser voir.

Présentez ensuite le cadran à une autre personne, et donnez-lui une des deux aiguilles A, B , en lui disant de la placer sur son pivot , et de la faire tourner , et vous ferez remarquer que cette aiguille indique d'abord la couleur de la carte qui a été tirée , reprenez ensuite le cadran , ôtez-en l'aiguille , et en la changeant adroitement , présentez-le avec l'aiguille B à une autre personne qui amènera la figure de la carte qui a été tirée.

Nota. Si la personne à laquelle on présente la carte sur laquelle le cadran est préparé , tirait une autre carte , il faudrait , au lieu de cette récréation , faire quelque tour de cartes pour ne pas paraître en défaut.

V.

Ayez un jeu de piquet où vous aurez mis deux cartes plus larges que les autres , semblables à deux de celles qui , dans ce cadran sont diamétralement opposées , et ne servent pas à la précédente récréation , telle que l'*As* et le *Huit* , le *Valet* et le *Dix*. Faites tirer ces deux cartes à deux personnes différentes , c'est-à-dire à chacune une.

Présentez ensuite le cadran que vous avez

préparé sur ces deux cartes à la première personne , avec l'aiguille nécessaire pour indiquer
la figure de la carte tirée par la seconde : ôtez
l'aiguille , et y substituant l'autre sans qu'on
s'en aperçoive , vous la donnerez à la seconde
personne , afin de lui faire indiquer la carte tirée par la première.

Manière de distinguer dans une compagnie la demoi-
selle qui est la plus curieuse.

Prenez plusieurs aiguillées de fil , et faites
les tremper dans un verre d'eau de rivière , où
vous aurez fait fondre une cuillerée de sel commun, avec cette attention de ne laisser tremper
dans votre eau salée que la moitié de votre fil ,

Fig. 12.

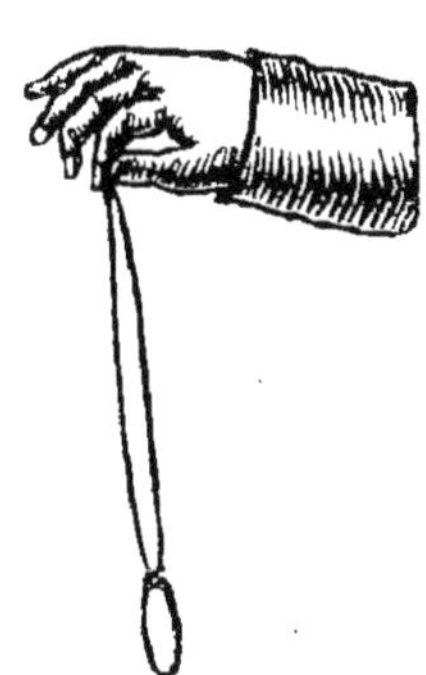

Fig. 13.

en l'arrangeant comme il est représenté à la fig.
12 ; après trois ou quatre jours , retirez le fil
de la dissolution pour le faire sécher , et vous
en servir au besoin.

Dans une société de huit à dix personnes, adressez-vous à deux jeunes demoiselles, en leur proposant de leur faire voir clairement laquelle des deux a le plus de penchant à la curiosité; alors déployez votre fil, et sans affectation, faites prendre à celle qui vous paraîtra la plus éveillée, le bout du fil que vous savez être salé, et donnez l'autre bout à la seconde personne, coupez avec des ciseaux votre fil par le milieu, par ce moyen, il est impossible de soupçonner que les morceaux aient été différemment préparés.

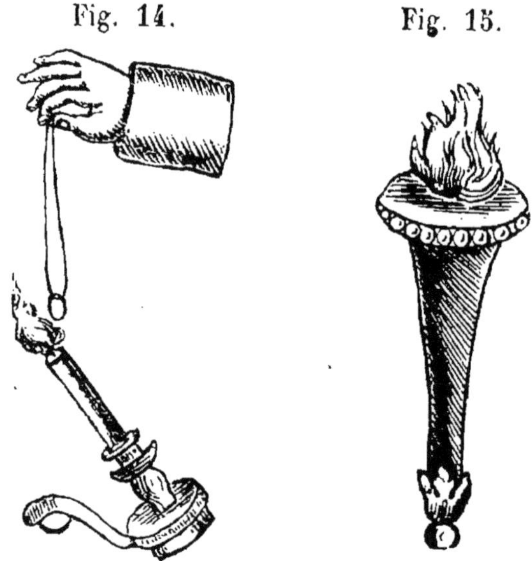

Fig. 14. Fig. 15.

Demandez à la compagnie deux anneaux de ceux qu'on nomme anneaux de mariage, et priez les demoiselles à qui vous avez donné les bouts du fil, de les suspendre comme on le voit à la fig. 13.

Les bagues ainsi suspendues , si l'on approche la flamme d'une bougie alternativement de chacune d'elles (Voyez figure 14) , les fils prendront feu ; et quoique brûlé , celui salé conservera encore assez de force pour soutenir l'anneau : ce que vous ferez passer pour une preuve de son amour.

Nota. Prenez garde que votre fil ne soit trop long , et que vous ne le fassiez balancer en y mettant le feu.

Le flambeau infernal.

Faites fondre du sel et du safran dans de l'esprit-de-vin , imbibez-en un morceau d'étoffe , que vous placerez sur un flambeau de fer-blanc de l'espèce de ceux dont on se sert à l'opéra pour les furies (Voyez fig. 15).

Mettez le feu à cette torche , et éteignez les lumières qui se trouvent dans l'appartement. Les personnes blanches paraîtront pour l'instant de couleur verte , et l'incarnat des lèvres et des joues prendra une couleur d'olive foncée.

Composition du phosphore.

Mettez trois onces d'alun de roche et une once de miel ou de sucre , dans un plat de terre neuf et vernissé : tenez ce mélange sur le feu ; en le remuant continuellement jusqu'à ce qu'il soit sec et dur. Retirez-le ensuite , et réduisez-le en poudre. Mettez cette poudre dans un petit matras , dont une partie doit rester vide ; bouchez-le avec du papier , et le placez dans un creuset que vous achèverez de remplir avec du sable. Placez le tout sur un fourneau , et recouvrez le creuset avec des charbons ardents. Lorsque le matras aura paru rouge un demi-quart d'heure , et qu'il ne s'en échappera plus de vapeurs, retirez-le du feu et le bouchez avec du liége. Laissez ensuite entièrement refroidir le mélange , et mettez-le dans de petites bouteilles. En versant de cette matière sur du papier ou quelqu'autre corps sec , elle ne tarde pas à y mettre le feu ; on accélèrera l'inflammation en y ajoutant un peu de salpêtre ou de soufre en poudre passé au tamis de soie. On doit avoir soin de bien boucher les petits flacons qui contiennent la matière. Elle perdrait sa vertu si l'humidité de l'air venait à s'y insinuer.

Imitation de l'éclairage par le gaz.

On peut imiter en très-petit la production de lumière du gaz en chargeant de charbon de terre ordinaire un pot de pipe à tabac. On couvre ensuite exactement le charbon avec de l'argile mise avec de l'eau à l'état de lut ferme ou de pâte ; et lorsque l'argile est sèche ; on met le pot de la pipe dans le feu , et on le chauffe par degrés. Au bout de quelques minutes , il sortira de l'extrémité du tuyau de la pipe à tabac un courant de gaz hydrogène carbonné, accompagné d'un fluide aqueux, et d'une huile visqueuse ou goudron. On peut allumer le gaz avec une chandelle, et il brûlera avec une flamme brillante. Lorsque tout dégagement de gaz aura cessé, on trouvera dans le pot de la pipe le charbon dépouillé de sa matière bitumineuse, ou coke.

Lampe sans flamme.

Entourez la mèche d'une lampe à esprit de vin, d'un fil de platine, en contournant ce fil en spirale, de manière que les tours soient un peu écartés l'un de l'autre ; la mèche étant allumée, le platine rougit ; éloignez alors la mèche, le platine reste rouge tant qu'il y a de l'esprit de vin dans la lampe, et bien qu'il ne produise pas de flamme, il donne assez de lumière pour que l'on puisse lire en s'en tenant fort près.

Liqueurs inflammables.

Mettez dans un vase un peu d'huile essentielle de térébenthine, et une quantité double d'acide nitreux et une très-faible partie d'acide sulfurique, l'inflammation se produit aussitôt, et la flamme est accompagnée d'une fumée fort épaisse.

Pour rendre le bois incombustible.

Faites dissoudre de la terre siliceuse dans de l'alcali caustique , et étendez cette liqueur sur le bois , vous pourrez ensuite le jeter dans le brasier le plus ardent sans que le feu ait la moindre action sur lui.

Faire partir un fusil chargé d'eau en guise de poudre.

Après avoir solidement bouché la lumière d'un canon de fusil , mettez trois ou quatre pouces d'eau dans ce canon , et enfoncez par-dessus une balle de liége d'un calibre tel qu'elle ne puisse entrer qu'avec peine ; posez ensuite l'extrémité du canon où se trouve l'eau , sur la lumière d'une lampe ou des charbons ardents , la balle sera chassée avec d'autant plus de violence qu'elle aura opposé plus de résistance. On pourrait ainsi construire des fusils à vapeur qui seraient d'une très-grande portée.

Source d'eau enflammée.

Mettez une livre d'acide sulfurique dans cinq livres d'eau ; jetez dans ce mélange quelques onces de limaille de zinc , et peu d'instants après , quelques morceaux de phosphore de la grosseur d'une noix ; vous verrez bientôt la surface de l'eau se couvrir de flammes , et tout le liquide sera traversé par des jets de feu qui s'échapperont bruyamment.

Crayon sympathique pour écrire sur le verre.

Formez un crayon avec de la craie d'Espagne et du vitriol de Chypre ; servez-vous-en pour écrire sur une glace ou morceau de verre , et effacez l'écriture avec un linge ; lorsque vous voudrez la faire paraître , il suffira de haleter dessus cette glace : cette écriture paraît et disparaît à plusieurs reprises. On peut en faire usage pour différentes récréations.

Pour obtenir des feux colorés.

La couleur des feux des pièces d'artifices peut se varier à l'infini ; ainsi, en mêlant de la limaille d'acier à la poudre , on obtient des étincelles blanches et brillantes ; le noir de fumée produit des étincelles d'un rouge foncé ; la limaille de cuivre donne des feux verts ; la limaille de zinc , des feux bleus ; le charbon pilé , des feux rouges très-vifs ; et le sable jaune appelé poudre d'or , produit des jets qui imitent les rayons du soleil.

Imitation du tonnerre.

Ayez un fort chassis de bois d'environ deux pieds et demi de long , sur un pied et demi de large , aux bords duquel vous attacherez et collerez solidement une peau de parchemin

bien tendue , assez épaisse et de même grandeur que ces chassis ; mouillez-le avant de
l'appliquer , afin que sa tension soit plus forte.

Lorsqu'ayant suspendu ce chassis , vous l'a-
giterez ou frapperez dessus plus ou moins fort
avec le poing , l'ébranlement qu'il causera
dans l'air environnant , sera exactement semblable au bruit du tonnerre.

Nota. Pour imiter dans les spectacles l'éclat
du tonnerre lorsqu'il tombe , on suspend entre
deux cordes élevées verticalement , une certaine quantité de douves de tonneau , éloignées
les unes des autres d'un demi-pied , et enfilées
de même que les lattes qui servent à former les
jalousies qu'on met aux fenêtres des apparte-
ments , et on les laisse tout-à-coup tomber les
unes sur les autres , en lâchant subitement les
deux cordes qui les retiennent suspendues , et
qui doivent servir à les relever pour reproduire
cet effet.

Imitation de la pluie et de la grêle.

Découpez sur du fort carton , une vingtaine
de cercles de quatre à cinq pouces de diamètre,
et coupez-les tous depuis leur circonférence ,
jusqu'à leur centre (Voyez la figure 16) ; per-
cez-les d'un trou d'un pouce de diamètre, joi-
gnez-les ensemble en appliquant et collant le
côté coupé C du cercle A , au côté coupé D de
celui B , et ainsi de suite , jusqu'à ce que tous
ces cercles ne forment qu'une seule pièce, qui,
étant allongée , prendra la figure d'une vis ;

étant bien sec , faites entrer par leurs trous
une tringle de bois arrondie qui les enfile tous,
et disposez-les de manière qu'ils se trouvent
distants les uns des autres de trois à quatre
pouces ; assujettissez-les sur cette tringle avec

Fig. 16.

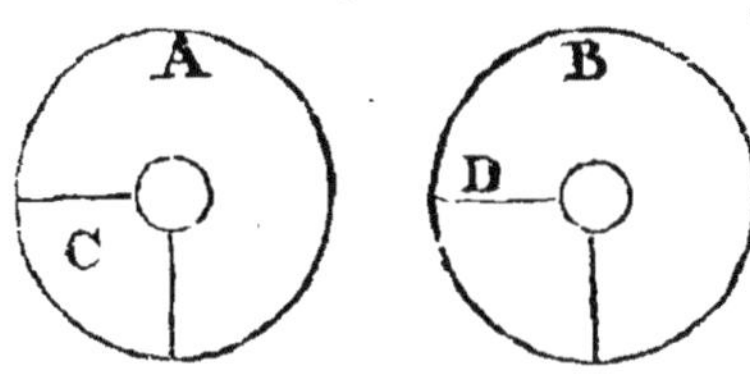

de la colle forte , et couvrez-les ensuite sur
toute leur longueur , et par une de leurs extrémités avec un triple papier bien collé et hu-
mecté , afin qu'il se tende fermement sur les
cercles. L'ayant laissé bien sécher, introduisez-
y par l'autre extrémité environ une livre de
petit plomb , c'est-à-dire , plus ou moins , suivant la grandeur de cette pièce , et fermez ensuite d'un triple papier cette même extrémité.

Lorsque le plomb se trouvera placé à une des
extrémités de ce tuyau , et qu'il sera dans une
position horizontale , si on l'élève doucement
et insensiblement du côté où se trouve le
plomb , il coulera peu à peu jusqu'à l'autre
bout, en suivant tout le chemin formé entre
ces cercles , et en frappant contre le papier
tendu qui les couvre , ce qui imitera fort bien
le bruit d'une grande pluie ; si on élève ce
tuyau promptement , ce bruit deviendra beaucoup plus fort et imitera celui de la grêle : cet
effet se répétera de même en élevant ensuite ce
tuyau par son autre extrémité.

l'aire détonner le chlore.

On fait passer dans un ballon un mélange de chlore et de gaz hydrogène ; on bouche le ballon et on l'expose au soleil , au bout de quelques instants il se produit une forte explosion.

Une bouteille bien bouchée , étant remplie d'eau, faire changer cette eau en vin sans la déboucher.

Faites exécuter par un ferblantier , un petit réchaud construit dans la forme indiquée par la figure 17 , c'est-à-dire qu'il soit extérieure-

Fig. 17.

ment construit comme un réchaud ordinaire d'environ quatre pouces de diamètre ; qu'il ait un double-fond A B éloigné de son vrai fond G d'environ trois à quatre lignes ; élevez au milieu du fond A B (lequel doit être percé d'un trou circulaire), un tuyau ou cylindre de fer-blanc F de quatre pouces de hauteur sur un pouce et demi de diamètre , et placez au-dessous la soupape C qui doit être soutenue par le petit ressort D, lequel doit être ajusté entre ces deux fonds. Cette soupape sert à empêcher qu'on aperçoive le double-fond, ou plutôt la cavité qui se trouve entre ces deux fonds.

Ayez une petite bouteille de verre blanc I d'environ six pouces de hauteur , qui puisse entrer facilement dans le tuyau de fer-blanc, et dont le poids , lorsqu'elle est remplie d'eau puisse abaisser la soupape C ; percez le fond de cette bouteille de deux ou trois petits trous de la grosseur d'une épingle ; emplissez-la d'eau de rivière bien claire , et bouchez-la ensuite bien exactement ; versez entre les deux fonds de ce réchaud , et par le tuyau F , du vin rouge le plus léger , et cependant le plus foncé en couleur que vous pourrez avoir.

Lorsqu'ayant posé cette bouteille bien bouchée dans le cylindre creux , ou tuyau F , son fond percé de ces petits trous trempera dans le vin , renfermé dans la soupape , l'eau qui est plus pesante que le vin , sortira par les trous faits au fond de cette bouteille, et l'air ne pouvant y entrer et remplacer ce qui en sortira , le vin y remontera en pareille quantité , en telle sorte qu'au bout de quelque temps (*) la bouteille se trouvera entièrement remplie de

---

(*) Plus la différence respective du poids de ces deux liquides sera grande, plus cette opération sera prompte.

vin , et si on la retire alors de dedans le cylindre , il ne s'en écoulera aucune partie par
ces deux trous, attendu que l'air n'y peut entrer :
il paraîtra donc que l'eau qui y était contenue ,
aura été changée en vin.

On prendra la bouteille , et posant sans affectation le doigt à l'endroit où elle est percée
pour en boucher le trou , on l'emplira d'eau ,
on la bouchera aussitôt très-exactement, et on
annoncera qu'on va la changer en vin ; pour
cet effet , on la posera dans le réchaud , comme il a été expliqué après y avoir mis à l'avance , et secrètement, le vin qui doit entrer dans
la bouteille : peu de temps après on retirera
la bouteille , et on la fera voir pleine de vin ,
et posant le doigt sur les petits trous , on la
débouchera et on le versera dans un verre ,
afin de faire connaître que cette nouvelle liqueur est effectivement du vin.

Baguette magnétique.

C'est une petite baguette de bois d'ébène ou
autre, de la longueur d'environ neuf à dix pouces , et de quatre à cinq lignes de grosseur.
Elle est percée dans toute sa longueur d'un
trou de deux à trois lignes de diamètre, propre à recevoir une petite verge d'acier d'Angleterre très-fin , et fortement aimantée. Cette
petite baguette est fermée par ses extrémités
avec deux petits boutons d'ivoire qui doivent
y entrer vis-à-vis, et très-différemment confi-
gurées afin de pouvoir reconnaître aisément

de quel côté sont les pôles du barreau d'acier renfermé.

Lorsque vous présenterez le pôle septentrional de cette baguette au pôle septentrional d'une aiguille aimantée suspendue librement sur son pivot, ou à un corps léger , nageant et se soutenant librement sur l'eau ou sur tout autre fluide , et dans lequel vous aurez inséré un petit barreau d'acier aimanté , ce corps s'approchera alors de cette baguette , et lui présentera le côté du barreau renfermé où est son sud.

On peut exécuter un grand nombre de récréations avec cette baguette.

Des encres sympathiques et de quelques jeux qu'on

peut exécuter par leur moyen.

On appelle *encres sympathiques* ou *de sympathie*, certaines liqueurs qui , seules , ou dans leur état naturel , sont sans couleur , mais qui , par l'addition d'une autre liqueur ou de quelques circonstances particulières , prennent de la couleur , quelle qu'elle soit.

La chimie présente un grand nombre de liqueurs de cette espèce , dont nous allons faire connaître les principales et les plus curieuses.

1. Ecrivez avec une dissolution de vitriol vert , dans laquelle néanmoins vous aurez ajouté un peu d'acide ; cette dissolution étant absolument décolorée , on ne verra point l'é-

criture ; lorsque vous la voudrez voir , plongez-
la dans une eau où aura été infusée de la noix
de galle , ou imbibez le papier avec une éponge
plongée dans cette eau , l'écriture paraîtra
aussitôt. En effet , il est aisé de voir qu'il se
forme ici une encre sur le papier. Dans la formation de l'encre , on combine les deux ingré-
diens avant que de s'en servir pour écrire , ici
l'on ne combine que l'écriture faite : voilà toute la différence.

2. Si vous voulez une encre qui se colore-
rait en bleu ; après avoir écrit avec la dissolution acide du vitriol vert , vous humecterez l'é-
criture avec une liqueur préparée de la manière suivante :

Faites détourner avec un charbon ardent 4
onces de nitre avec 4 onces de tartre , vous
mettrez ensuite cet alcali dans un creuset ,
avec 4 onces de sang de bœuf desséché , et
vous couvrirez le creuset d'un couvercle percé
seulement d'un petit trou ; calcinez ce mélange à un feu très-modéré , jusqu'à ce qu'il ne
sorte plus de fumée , après quoi vous ferez
rougir le tout médiocrement ; la matière qui
en sortira , vous la plongerez encore toute rouge dans deux pintes d'eau , où elle se dissoudra ; en faisant bouillir cette eau , que vous
réduirez enfin à la moitié , vous aurez une eau
avec laquelle , si vous humectez l'écriture tracée de la manière ci-dessus , elle prendra aussitôt une belle couleur bleue. Car , dans cette
opération , il se forme , au lieu d'une encre
noire , un bleu de Prusse.

3. Dissolvez du bismuth dans de l'acide ni-treux, ce sera la liqueur avec laquelle vous écrirez. Pour la faire paraître, vous vous ser-virez de la liqueur suivante : Faites bouillir une forte dissolution d'alcali fixe sur du soufre en poudre très-fine, jusqu'à ce qu'il en ait dissous autant qu'il se peut : il en résultera une liqueur qui exhalera, on l'avoue, une odeur fort désagréable. Exposez aux vapeurs qui en sortiront l'écriture ci-dessus, elle se co-lorera en noir.

L'Oracle magique.

On écrit sur plusieurs feuilles de papier, des questions avec de l'encre ordinaire, et au-dessous on écrit les réponses avec la dernière encre sympathique. On doit avoir plusieurs feuilles portant la même question et les répon-ses différentes, afin que l'artifice soit au moins aisé à soupçonner.

Ayez ensuite une boîte que vous appellerez l'*antre de la Sibylle*, ou autrement, et qui dans son couvercle contiendra une plaque de fer très-chaude ; en sorte que son intérieur puisse être échauffé jusqu'à un certain degré.

Après avoir fait choisir des questions ; vous prendrez les feuilles choisies, et vous direz que vous allez les envoyer à la Sibylle ou à l'Oracle pour en avoir la réponse, et vous les placerez dans la boîte échauffée ; enfin, après quelques minutes, vous les retirerez, et vous montrerez les réponses écrites. Il faut bien vite remettre à part ces feuilles : car si elles restaient entre les mains des témoins du tour, ils s'apercevraient que les réponses s'effacent peu à peu, à mesure que le papier se refroidit.

Des végétations métalliques et non métalliques.

C'est un spectacle des plus curieux de la chimie, que de voir s'élever dans un vase une espèce d'arbrisseau, de le voir pousser des branches, quelquefois même des espèces de fruits. Cette image trompeuse de la végétation, a fait donner à cette opération le nom de *végétation chimique et métallique.*

Arbre de Mars.

Dissolvez dans de l'esprit de nitre médiocrement concentré, de la limaille de fer, jusqu'à saturation. Ayez ensuite de la dissolution d'alcali fixe de tartre, communément appelé huile de tartre *per deliquium* : vous la verserez peu à peu dans la première dissolution : il se fera une forte effervescence, après laquelle, le fer, au lieu de tomber au fond du vase, s'élèvera au contraire le long de ses parois, le tapissera en dedans, et formera une multitude de branchages amoncelés les uns sur les autres, qui debordera souvent et se répandra sur les parois extérieures du vase, avec toute l'apparence d'une plante. Si, ce qui arrivera quelquefois, il se répand de la liqueur, il

Fig. 18.

Fig. 19.

faut avoir soin de la recueillir et de la remettre dans le vase ; elle formera de nouveaux branchages , qui contribueront à augmenter la masse de cette espèce de végétation.

On donne ici les représentations de deux de ces végétations , tirées d'un mémoire de M. Lémery fils , inséré parmi ceux de l'Académie , année 1706 (Voyez figures 18 et 19). On lit une explication assez vraisemblable de ce phénomène parmi ceux de 1707.

Végétation non métallique.

Faites détourner avec un charbon ardent 8 onces de salpêtre , que vous mettrez ensuite à la cave , pour qu'il en résulte une huile de tartre *per deliquium* ; versez dessus peu à peu , et jusqu'à saturation parfaite , de bon esprit de vitriol ; faites évaporer toute l'humidité , et vous aurez une matière saline , blanche , compacte et très-âcre. Vous la mettrez dans une écuelle de grès , vous verserez dessus un demi-setier (*) d'eau froide, et laisserez le tout exposé à l'air ; au bout de quelques jours l'eau s'évaporera ; et il se formera de côtés et d'autres des branchages en forme d'aiguilles diversement entrelacées , et qui auront jusqu'à 15 lignes de longueur. Lorsque l'eau sera entièrement évaporée , si on en ajoute de nouvelle , la végétation continuera.

(*) On entend communément par demi-setier , la moitié d'une chopine ou le quart d'une pinte.

Il est aisé de voir que c'est ici une simple cristallisation d'un sel neutre, formé de l'acide vitriolique et de la base du nitre, c'est-à-dire d'un tartre vitriolé.

Fondre du fer dans un instant, et le faire couler en gouttes.

Il faut faire chauffer à blanc une barre de fer et ensuite lui présenter une bille de soufre ; le fer se mettra tout de suite en fusion, et coulera en gouttes. Il sera à propos d'exposer au-dessous une terrine pleine d'eau, dans laquelle les gouttes qui couleront s'éteindront aussitôt.

On se sert de ce procédé pour faire la grenaille de fer pour la chasse, car ces grains de fer fondu tombant dans l'eau, s'y arrondissent assez bien.

Alliage qu'on peut tenir en fusion, sur une feuille de papier, au-dessus de la flamme d'une bougie.

Cet alliage se compose d'une partie de plomb, une de zinc et une de bismuth. On le forme en faisant fondre ensemble ces trois matières dans un creuset.

Alliage fusible dans l'eau bouillante.

Faites fondre ensemble huit parties de bismuth, cinq de plomb et trois d'étain. Cet alliage est d'un gris de plomb ; il est si fusible qu'il fond dans l'eau chauffée à 95°. On emploie cet alliage pour clicher les médailles, plomber les dents, etc.

Pièce d'argent fondue dans la main.

Faites un amalgame de mercure et de râpures d'étain ou de plomb ; cet amalgame est fort mou, et fond quand on le tient dans la main ; on demande un écu, on l'escamote, en feignant de le cacher dans la main où est l'amalgame, que l'on fait couler sur le plancher.

Eau qui brûle sur la main sans attaquer la peau.

Après avoir mélangé à parties égales du saindoux, de l'huile de pétrole et de térébenthine, et de la chaux vive, et avoir battu le tout convenablement, on obtient, en distillant ce mélange, une eau que l'on peut faire brûler sur la peau sans ressentir la moindre douleur.

Faire rouler des gouttes d'eau sur du papier sans que les gouttes se rompent.

Si, après avoir frotté la surface d'une feuille de papier à écrire d'un peu de poussière de lycopode ou vesse-de-loup, on y fait tomber de l'eau en petites quantités, l'eau se formera aussitôt en gouttes distinctes, qui toucheront le lycopode en quelques points seulement , et qui rouleront sur le papier avec une rapidité extraordinaire sans se rompre.

Caractères qu'on ne peut apercevoir qu'en les trempant dans l'eau.

Faites dissoudre une quantité suffisante d'alun dans de l'eau , et servez-vous-en pour écrire tels caractères que vous voudrez , si vous trempiez dans l'eau le papier où ils ont été tracés , et qu'ensuite vous les présentiez au jour , vous y distingueriez très-bien ce qui était invisiblement écrit , attendu que ces caractères seront beaucoup plus obscurs que le reste du papier , et qu'ils seront bien plus longtemps à s'imbiber ; cet effet aura lieu , quand même il y aurait longtemps qu'ils seraient tracés. Lorsqu'on se sert de cette méthode , il faut écrire premièrement des choses indifférentes , et ensuite dans des interlignes ce qu'on désire être secret.

Nota. C'est par ce même moyen qu'on empêche le papier de s'imbiber ou de boire la couleur ou l'encre ; à cet effet on trempe dans cette eau les estampes qu'on veut colorer , ou le papier dont on doit se servir.

Caractères qui paraissent étant trempés dans l'eau.

Faites bouillir pendant deux heures , dans une pinte de vinaigre , deux onces de litharge réduite en poudre et l'ayant laissée reposer, versez-la par inclinaison et passez-la dans un linge (1), conservez cette liqueur dans une bouteille bien bouchée et servez-vous-en pour écrire ou tracer ce que vous voudrez, les caractères étant secs ne paraîtront en aucune façon. Lorsque vous voudrez les rendre visibles, trempez ce papier dans du jus de citron ou de verjus, et ils paraîtront d'un blanc de lait qui effacera celui du papier dont vous vous serez servi, ils subsisteront même encore, lorsque le papier sera séché. La litharge qui a été dissoute, étant une chaux de plomb qui se précipite sur le papier au moyen de l'acide dans lequel on le trempe.

Caractères qui paraissent étant exposés au feu.

Prenez du jus de citron, et servez-vous-en pour tracer avec une plume neuve, quelques caractères sur du papier. L'ayant laissé sécher, si vous les exposez un peu au feu (2), ils paraîtront aussitôt d'une couleur brune, attendu que cet acide, concentré par la chaleur, brûlera un peu le papier aux endroits où la plume aura passé. Ce même effet aura lieu en employant différents acides ou les sucs de divers fruits. Le jus de cerise donnera une couleur

---

(1) Cette dissolution se trouve faite chez les droguistes sous le nom d'Extrait de Saturne.
(2) On peut également les exposer au feu longtemps après qu'ils ont été écrits.

verdâtre ; celui d'oignon une couleur noirâtre; l'acide vitriolique affaibli dans une assez grande quantité d'eau , une couleur rouge ; le vinaigre , une couleur rouge pâle, etc. Le degré de chaleur pour faire paraître les caractères écrits avec ces différents acides , n'est pas le même ; le jus de citron est celui qu'il faut le moins chauffer.

Caractères qui paraissent étant exposés à l'air.

Faites dissoudre dans l'eau régale , autant d'or fin que vous pourrez , affaiblissez ensuite cette forte dissolution en y mettant deux ou trois fois autant d'eau commune.

Cette dissolution d'or par l'eau régale , peut servir à former sur du papier une écriture qui disparaîtra en se séchant , si on a soin de la tenir renfermée et de ne pas l'exposer au grand air : et ces mêmes caractères paraîtront au bout d'une heure ou deux , si on les expose au soleil.

Si on fait dissoudre à part de l'étain fin dans l'eau régale , et qu'après que ce dissolvant se sera bien chargé de cette substance métallique, on y ajoute une pareille quantité d'eau commune , on aura une liqueur propre à faire paraître sous une couleur purpurine , assez foncée(*), les caractères écrits avec l'encre sympa-

---

(*) On peut effacer la couleur pourpre de cette encre en la mouillant d'eau régale , et la laissant ensuite sécher on pourra la faire reparaître une seconde fois avec la dissolution d'étain.

5 *

thique d'or ci-dessus. Il suffira d'y tremper un pinceau ou une petite éponge bien fine, et la passer légèrement sur le papier.

Cette même dissolution d'étain pourra encore servir à tracer sur le papier des caractères, qui paraîtront de même que ceux faits avec l'encre sympathique d'or, si on les expose au soleil ou au feu.

L'écriture dans la poche.

Prenez plusieurs petits carrés de papier en tête desquels vous écrirez (avec de l'encre ordinaire) diverses questions, et servez-vous de l'encre sympathique d'or pour écrire au-dessous d'elles leurs réponses

Conservez tous ces petits papiers en les tenant bien renfermés dans un livre ou dans un portefeuille, jusqu'à ce que vous vouliez vous en servir, présentez-les alors à une personne, et dites-lui d'y choisir celui qu'elle voudra ; et lui ayant fait remarquer qu'il n'y a rien autre chose écrit sur ce papier, dites-lui de le mettre dans sa poche et de l'emporter chez elle, et de le mettre sur sa cheminée ou dans tout autre endroit où il ne soit pas renfermé, afin que pendant la nuit vous trouviez le moyen de transcrire une réponse au bas de cette question, qui se trouvera effectivement visible, dès le lendemain, si le papier a été mis dans un endroit sec.

Nota. Comme cette encre marque un peu le papier d'une petite teinte jaunâtre, il ne faut

pas se servir d'un papier qui soit trop blanc ,
mais au contraire d'un blanc un peu sale , tel
qu'est le papier commun.

Papier préparé pour écrire des caractères invisibles.

Ayez de la graisse de porc qu'on nomme
communément saindoux , et l'ayant bien exactement mêlée avec un peu de térébenthine
de Venise , prenez-en une petite partie , et
étendez-la très-également et bien légèrement
sur du papier fort mince ; servez-vous à cet effet , d'une petite éponge très-fine.

Lorsque vous voudrez faire usage de cette
préparation pour écrire secrètement une lettre
à un ami , posez ce papier ainsi préparé sur celui que vous devez envoyer ; et tracez ce que
vous voulez écrire sur ce premier papier , en
vous servant d'un stylet un peu émoussé ; de
cette manière , il s'attachera une matière grasse au deuxième papier vers tous les endroits
où ce stylet aura passé , et celui qui recevra
votre lettre , pourra la lire en y semant quelque poussière de couleur , ou du charbon ta-
misé très-fin.

*Application du papier ci-dessus , pour tracer facilement
toutes sortes de dessins.*

Mêlez exactement dans la composition ci-
dessus , un peu de noir de fumée bien fin , et
servez-vous-en pour en enduire fort légèrement

un papier très-mince , essuyez-le bien également jusqu'à ce qu'en le posant sur le papier blanc , et appuyant la main dessus ce premier, il ne puisse tâcher l'autre en aucune façon.

Lorsque vous aurez attaché sur ce papier, le dessin dont vous voulez former le trait , et posé le tout sur un papier blanc , vous pourrez en suivant correctement avec le stylet tous les traits de ce dessin , les transporter sur ce dernier papier. Il en sera de même si au lieu de papier , vous employez de la toile un peu fine , ou du taffetas ; de cette manière il sera facile , sans savoir dessiner , de peindre des fleurs sur des étoffes , il suffira , après qu'elles seront tracées , de les enluminer et de nuancer dans les couleurs les plus convenables en employant les couleurs liquides fort légères (*) , afin qu'elles ne soient pas sujettes à s'écailler , et même à s'étendre , si les étoffes venaient à être un peu mouillées.

Tracer des caractères qui paraissent et disparaissent à volonté, au moyen de l'encre sympathique verte.

Prenez du safre en poudre , et faites-le dissoudre dans l'eau régale pendant vingt-quatre heures , avec un feu très-doux ; tirez ensuite

---

(*) Les meilleures couleurs à employer sont le vert-d'eau , le carmin , la gomme gutte , le bleu de Prusse liquide , la liqueur faite avec de la suie de cheminée , qu'on nomme bistre , le vert de vessie , et la pierre de fiel.

la liqueur à clair par inclinaison ; ajoutez-y autant, et même deux fois plus d'eau commune(*) et gardez cette liqueur dans une bouteille bien bouchée.

Ce que l'on écrira avec cette encre sera invisible , et ne paraîtra que lorsque l'on exposera le papier à une châleur modérée, ou aux rayons d'un soleil très-ardent ; les caractères seront d'une couleur verte semblables à ceux qu'on pourrait former avec le vert d'eau dont on se sert pour laver les plans : ce qu'il y a de plus particulier dans cette encre , c'est qu'aussitôt que le papier est refroidi , et qu'il a pu être pénétré de l'humidité ordinaire de l'air , les caractères que la chaleur avait fait paraître , disparaissent entièrement , ce qui peut se répéter même un assez grand nombre de fois , pourvu cependant qu'on ne chauffe pas trop le papier , attendu que si , par une trop grande chaleur , l'écriture prend une couleur de feuille-morte , elle ne disparaît plus.

Encre pourpre.

Au lieu d'employer de l'eau régale pour dissoudre le safre , servez-vous d'eau forte et jetez-y peu à peu du sel de tartre pour éviter une trop grande fermentation ; laissez-la reposer , et l'ayant tirée à clair , versez-y une suffisante quantité d'eau.

(*) Si cette encre corrodait le papier , il faudrait y ajouter une plus grande quantité d'eau.

Ce que l'on écrira avec cette liqueur , ne sera visible que lorsqu'on présentera le papier au feu , et les caractères auront alors une couleur purpurine qui disparaîtra aussitôt que l'écriture sera refroidie.

Encre rose.

Ayant fait dissoudre le safre dans l'eau-forte , si au lieu de sel de tartre , vous y mettez du salpêtre bien purifié , vous vous procurerez une encre rose , qui disparaîtra en se séchant, et renaitra en la présentant au feu.

Nota. Ces trois sortes d'encre peuvent se mêler ensemble , et produire des encres d'autres couleurs sans altérer leur vertu ; en mêlant la pourpre avec la verte , on fera une encre bleue ; en mêlant la pourpre avec la rose , on aura une encre gris de lin.

Tableau représentant l'hiver , lequel change et représente le printemps.

Ayez une estampe représentant l'hiver , qui soit très-peu chargée de gravure ; peignez et ajoutez-y (avec l'encre sympathique verte et aux endroits convenables) des feuilles , en observant de vous servir d'une encre plus faible pour feuiller les arbres qui sont dans les lointains , employez les autres encres à peindre les objets auxquels leurs couleurs peuvent avoir quelque rapport ; cette préparation étant faite, laissez sécher le tout , et mettez votre estampe sous un cadre garni d'un verre , couvrez-la par derrière d'un papier qui soit seulement collé sur cette bordure.

Lorsqu'on présentera ce tableau à un feu modéré , ou qu'on l'exposera pendant quelque temps à l'ardeur du soleil , tous les objets colorés qui étaient restés invisibles paraîtront ; les arbres se garniront de feuilles , et ce tableau qui représentait l'hiver , offrira tout à coup l'image du printemps ; aussitôt qu'il sera refroidi , il reprendra son premier état , ce qui procurera la satisfaction de répéter cet amusement autant de fois qu'on le jugera à propos.

Rose changeante.

Prenez une rose rouge ordinaire , et qui soit entièrement épanouie ; allumez de la braise dans un réchaud , et jetez-y un peu de soufre commun réduit en poudre ; faites-en recevoir la fumée et la vapeur à cette rose , et elle deviendra blanche : si on la met ensuite dans l'eau , peu d'heures après elle reprendra sa couleur naturelle.

Manière de faire disparaître l'écriture sur le papier et le parchemin.

On prétend qu'il faut prendre 8 grammes de chair de lièvre brûlée et pulvérisée , avec 16 grammes de chaux vive aussi pulvérisée, mêler le tout ensemble, le mettre sur le papier ou parchemin, et l'y laisser pendant un jour et une nuit ; toutes les lettres se trouveront effacées. Il y a lieu de croire que la chaux vive toute seule ou peut-être mêlée avec une cendre animale quelconque ou des os calcinés réduits en poudre, produirait le même effet. On sait aussi que les acides légèrement affaiblis, dissolvant les particules métalliques du fer qui donne la couleur noire à l'encre, ont la propriété de faire disparaître l'écriture. Il faut prendre, dit Kunel, une demi-once d'ambre jaune ou gris, le broyer dans une once d'huile de vitriol ou d'eau forte ; passer ensuite avec un pinceau de ce mélange sur chaque lettre qui sera aussitôt emportée : mais il faut ensuite y mettre un peu d'eau sans quoi le papier deviendrait jaune.

Faire paraître en caractères lumineux le nom d'une carte qu'une personne a choisie librement dans un jeu.

Ayez un jeu de cartes disposé comme il est indiqué au tour et à l'ordre des cartes à l'effet de les nommer toutes ; et après avoir donné à couper à plusieurs personnes, étalez ce jeu sur la table, dites à une personne d'y choisir librement et au hasard, telle carte qu'elle voudra ; lorsqu'elle aura pris cette carte, reprenez le jeu, et en le relevant, partagez-le en deux à l'endroit où la carte a été tirée ; et mettez celle qui la précédait au-dessous du jeu , et sous prétexte de faire voir que ce sont bien toutes cartes différentes , tenez le jeu de manière qu'une personne cachée dans un cabinet voisin puisse apercevoir cette dernière , et connaître par conséquent celle qui a été tirée , donnez-lui le temps d'en écrire le nom en grands caractères sur un carton noir qui doit être placé vis-à-vis un trou communiquant à ce cabinet , dites alors à cette personne de regarder par ce trou , et qu'elle verra sa carte. Sa surprise sera fort grande de l'apercevoir écrite en caractères lumineux ; particulièrement si la chambre est obscure , attendu qu'alors elle n'apercevra rien autre que celui qui aura été ainsi écrit.

Nouvelle manière de ramoner une cheminée.

La trop grande quantité de suie peut gêner le passage de la fumée ; il faut alors faire ramoner la cheminée ; mais veut-on une nouvelle manière prompte et sure de nettoyer les tuyaux de cheminée , et d'en faire tomber la suie sans avoir besoin de ramoneur ? employez le procédé suivant :

Broyez bien dans un mortier chaud , et mêlez ensemble trois parties de salpêtre , deux parties de sel de tartre , et une partie de fleur de soufre , mettez-en sur une pelle de fer autant qu'il en peut tenir sur une pièce d'un franc , exposez la pelle sur un feu clair près le fond de la cheminée. Sitôt que le mélange commencera à bouillir, il fulminera de manière que le seul mouvement subit de l'air élastique contenu dans le tuyau de la cheminée, fera tomber sans aucun dommage, ni danger, la suie, aussi bien et même mieux que pourrait le faire un ramoneur.

Si le premier coup ne suffisait pas pour nettoyer le tuyau aussi bien qu'on le désire, on peut répéter l'opération.

Vin de champagne d'attrape.

Remplissez d'eau de rivière, jusqu'aux trois quarts et demi, une bouteille ordinaire, que vous boucherez avec un bouchon troué dans sa longueur, armé dans sa partie inférieure d'une petite soupape. — Tâchez, à l'aide d'un bon soufflet, d'y introduire une certaine quantité d'air que la soupape laissera entrer, sans lui permettre de sortir ; et couvrez le bouchon avec un morceau de cuir ou de parchemin, que vous attacherez au col de la bouteille avec du bon fil ou de la ficelle, quand vous serez avec un gourmet que vous voudrez *faire* (c'est le mot pour dire attraper), mettez cette bouteille sur la table, avec cette étiquette : *Vin de Champagne.* Priez le gourmet de la déboucher après lui avoir fait donner un verre : il n'aura pas plus tôt détaché le cuir ou le parchemin, que le bouchon, repoussé par l'air comprimé, sautera au plafond avec explosion, et votre homme concluant de là que le vin est bon, se trouvera bientôt confus de voir que vous ne lui avez servi autre chose qu'un plat de votre métier.

Argent fulminant.

Que l'on fasse dissoudre de l'argent pur dans de l'eau forte étendue d'un peu d'eau , et qu'on ajoute un peu d'eau de chaux ; le métal se précipite. Après avoir filtré et séché , que l'on jette sur ce produit un peu d'ammoniaque liquide , et l'on obtiendra une poudre noire qui sera de l'argent fulminant. Ce produit est bien plus dangereux encore que l'or fulminant ; il détonne avec bien plus de violence , et il suffit du contact le plus léger , ou d'une goutte d'eau jetée à sa surface pour qu'il fasse explosion et renverse tout autour de lui.

Comment un corps de nature combustible , peut être sans cesse pénétré de feu sans se consumer.

Il faut renfermer dans une boîte de fer un charbon qui en remplisse toute la capacité ; et souder le couvercle de la boîte. Si vous la jetez ensuite dans le feu , elle rougira : vous pourrez même l'y laisser plusieurs heures , plusieurs jours : lorsqu'après l'avoir laissé refroidir vous l'ouvrirez, vous trouverez le charbon dans son entier , quoiqu'on ne puisse douter qu'il n'ait été pénétré de la matière de feu , tout comme le métal de la boîte dans laquelle il était renfermé.

Voici la cause de cet effet. Pour que le charbon et tout autre corps combustible se consume , il faut que le phlogistique ou la partie inflammable puisse s'exhaler ; car on sent aisément que ce qui fait qu'un corps est inflammable , doit être de sa nature indestructible , et que le feu ne fait que la dissiper. Mais cette dissipation ne peut avoir lieu dans un vaisseau clos : ainsi le phlogistique reste toujours appliqué à la matière purement terrestre du charbon , par conséquent il doit toujours rester dans le même état.

C'est là la cause pour laquelle des charbons couverts de cendres , tardent plus longtemps à se consumer , que s'ils restaient exposés à l'air libre , phénomène , qui quoique connu de tout le monde , serait difficile à expliquer pour tout physicien qui ignorerait cette propriété du phlogistique , et l'expérience ci-dessus qui la constate.

Percer la tête d'un poulet avec une aiguille sans lui donner la mort.

Les charlatans exécutent ce tour en introduisant une aiguille au milieu de la tête du poulet qui correspond entre les deux lobes du cerveau; on peut l'enfoncer à tel point qu'on pourra clouer le poulet contre la table sans qu'il meure , pourvu qu'on ne l'y laisse pas plus d'un quart d'heure.

Transmutation apparente du fer en cuivre, ou en argent et son explication.

Faites dissoudre du vitriol bleu dans de l'eau, de sorte que cette eau en soit à peu près saturée ; plongez alors dans cette solution de petites lames de fer, ou de la limaille grossière de ce métal : ces petites lames de fer, ou cette limaille, s'y dissoudront, et la liqueur déposera à leur place un limon ou une poussière qui se trouvera être de cuivre.

Si le morceau de fer est trop gros pour être entièrement dissous, il se colorera en cuivre, en sorte que s'il n'est atteint que superficiellement, il semblera qu'il ait été transmuté en ce dernier métal. C'est là une expérience qu'on fait faire ordinairement à ceux qui vont voir les mines de cuivre, du moins l'ai-je vu faire à celle de Saint-Bel dans le Lyonnais, une clé, plongée pendant quelques minutes dans une eau qu'on recueillait au bas de la mine, en était retirée colorée en cuivre.

Dans une dissolution de mercure par l'acide marin, plongez du fer, ou sur du fer étendez cette dissolution, le fer se colorera en argent. On a vu de hardis charlatans tirer parti de ce jeu chimique, aux dépens de la bourse de gens crédules et ignorants.

Il n'y a en effet ici de transmutation que pour ceux qui ignorent entièrement la chimie. Le fer n'est point changé en cuivre ; mais le cuivre tenu en dissolution par la liqueur imprégnée d'acide vitriolique , est simplement déposé à la place du fer , dont l'acide se charge en même temps qu'il abandonne le cuivre. En effet, toutes les fois qu'on présente à un liquide tenant une substance quelconque en dissolution une autre substance qu'il dissout avec plus de facilité , il abandonne cette première , et se charge de la seconde. Cela est si vrai , que la liqueur qui a déposé le cuivre étant évaporée, donne des cristaux de vitriol vert , que tout le monde sait être formé de la combinaison de l'acide vitriolique avec le fer. C'est aussi ce que l'on pratique en grand dans cette mine ; on met la liqueur en question , qui n'est qu'une solution assez forte de vitriol bleu , dans des tonneaux ou de grands réservoirs carrés : on on y plonge de la vieille ferraille , qui au bout de quelque temps disparaît , et l'on trouve à sa place un limon qu'on porte à la fonderie , et dont on tire du cuivre. On fait évaporer jusqu'à un certain point la liqueur ainsi chargée de fer, et l'on y plonge des baguettes de bois , qui se couvrent de cristaux de vitriol vert , qui sont d'un débit courant dans le commerce.

Cette expérience se fera également , en dissolvant du cuivre dans de l'acide vitriolique , et en étendant ensuite un peu , si l'on veut , cette dissolution. C'est une nouvelle preuve que la liqueur ne fait que déposer le cuivre dont elle a été chargée.

Diverses substances précipitées successivement par l'addition d'une autre dans la dissolution.

On a vu dans l'expérience précédente, le cuivre précipité par le fer, nous allons présentement précipiter le fer lui-même. Pour cet effet, jetez dans la dissolution de fer, un morceau de zinc ; à mesure qu'il s'y dissoudra, le fer tombera au fond du vase ; et l'on reconnaîtra aisément que c'est du fer, car cette poussière sera attirable à l'aimant. Voulez-vous présentement précipiter le zinc, vous n'avez qu'à jeter dans cette dissolution un morceau de pierre calcaire, de marbre blanc par exemple, ou d'une autre pierre quelconque dont on peut faire de la chaux ; l'acide vitriolique attaquera cette nouvelle matière, et laissera tomber au fond du vase une poussière qui sera du zinc.

Pour précipiter maintenant cette terre calcaire, vous n'avez qu'à verser dans la liqueur de l'alcali volatil fluide, ou y jeter de cet alcali volatil sous la forme concrète ou solide, la terre sera abandonnée par l'acide, et sera déposée au fond du vase.

Vous précipiterez également, et même encore mieux, cette terre calcaire, en versant dans la liqueur de l'alcali fixe en solution, comme l'est ordinairement l'alcali fixe végétal, ou en y jetant de l'alcali fixe minéral.

C'est par un effet semblable, que les eaux

dures décomposent le savon au lieu de le dissoudre, et laissent tomber au fond une quantité plus ou moins grande de terre calcaire. Voici comment cela se fait :

Les eaux dures ne le sont ordinairement que parce qu'elles tiennent en dissolution de la sélénite ou du gypse, qui n'est qu'une combinaison d'acide vitriolique avec une terre calcaire, soit que cette eau ait coulé à travers des bancs de sélénite, soit que, contenant des sels vitrioliques, elle ait coulé sur des bancs de terre calcaire, qu'elle aura dû attaquer.

D'un autre côté, le savon n'est qu'une combinaison assez forcée d'un alcali fixe avec l'huile ou une autre matière grasse, combinaison qui n'est pas d'une grande ténacité.

Lors donc que l'on fait dissoudre du savon dans une eau séléniteuse, l'acide vitriolique de la sélénite ayant plus de tendance à s'unir avec l'alcali fixe du savon, qu'avec la terre calcaire qui entre dans la composition de la sélénite, il abandonne cette terre, se combine avec l'alcali fixe, de sorte que le savon est décomposé, et, comme l'huile est immiscible avec l'eau, elle s'y disperse en petits flocons, tandis que la terre calcaire de la sélénite tombe au fond.

Voilà un nouvel exemple de l'usage de la chimie, pour rendre raison de certains effets vulgaires, que tout physicien, qui n'est pas éclairé de son flambeau, ne saurait expliquer, au grand scandale des hommes ignorants, qui lui feraient volontiers la réprimande de la bonne femme à l'astrologue tombé dans un puits.

Avec deux liqueurs , chacune transparente , produire une liqueur noirâtre et opaque. Manière de faire de la bonne encre.

Ayez d'un côté une dissolution de vitriol ferrugineux ou vert, et de l'autre une infusion de noix de galle , ou de quelque autre matière végétale et astringente , comme les feuilles de chêne , bien tirée au clair et filtrée , mélangez une liqueur avec l'autre : vous verrez aussitôt le composé s'obscurcir , et devenir noir et opaque.

Si vous laissez néanmoins reposer la liqueur, la partie noire qui y était d'abord suspendue , tombera au fond et la laissera transparente.

Cette expérience donne la raison de la formation de l'encre ordinaire ; car l'encre que nous employons n'est autre chose qu'une dissolution de vitriol vert , mélangée avec l'infusion de noix de galle et de la gomme. La cause de sa noirceur n'est autre que l'effet de la propriété de la noix de galle , de précipiter en noir ou en bleu foncé le fer tenu en dissolution par l'eau imprégnée d'acide vitriolique. Mais comme ce fer ne tarderait pas à tomber au fond , pour le prévenir, on y met de la gomme qui donne à l'eau une viscosité suffisante pour empêcher que ce fer , infiniment atténué ne se précipite.

Le lecteur ne sera peut-être pas fâché de trouver ici la manière de faire de très-bonne encre.

Prenez une livre de noix de galle, six onces de gomme arabique, six onces de couperose verte, quatre pintes d'eau commune ou de bière; concassez la noix de galle, et faites-la infuser à une chaleur douce pendant 24 heures et sans bouillir. Ajoutez la gomme concassée et laissez-la dissoudre, enfin ajoutez le vitriol vert, il donnera aussitôt la couleur noire. Vous passerez le mélange au tamis, et vous aurez une encre dont vous pourrez vous servir aussitôt.

Comment on peut produire des vapeurs inflammables et fulminantes.

Mettez dans une bouteille de médiocre capacité, et dont le col soit un peu large et pas trop long, trois onces d'huile ou d'esprit de vitriol, avec douze onces d'eau commune. Il faut faire un peu chauffer ce mélange, après quoi vous y jetterez à diverses reprises une once ou deux de limaille de fer, il se fera une ébullition violente, et il sortira du mélange des vapeurs blanches. Présentez une bougie à l'ouverture de la bouteille, ces vapeurs prendront feu et feront une fulmination violente; ce que vous pourrez réitérer même plusieurs fois, tant que la liqueur fournira de semblables vapeurs.

Il n'est pas bien difficile d'expliquer ce phénomène, quand on sait que l'acide vitriolique, en s'unissant avec le fer, le prive d'une grande quantité de son phlogistique ou de son principe inflammable.

La chandelle philosophique.

Ayez une vessie dont l'orifice soit garni d'un tube de métal de quelques pouces de longueur, qui puisse s'adapter dans le col de la bouteille où vous ferez le mélange de l'expérience précédente. Après en avoir laissé sortir l'air expulsé par la vapeur ou le fluide élastique qui est produit par la dissolution, appliquez au col de cette bouteille l'orifice de la vessie, dont vous aurez auparavant exprimé l'air avec soin. Elle se remplira du fluide élastique produit par la dissolution du fer. Lorsqu'elle sera pleine, retirez-la et appliquez à l'orifice la flamme d'un flambeau ; cette vapeur s'enflammera, et brûlera lentement, de sorte que si vous comprimez la vessie, vous aurez un beau jet de flamme d'un vert jaunâtre. Voilà ce que les chimistes ont appelé *la chandelle philosophique ou des chimistes*.

Composition de la poudre fulminante.

Il faut mélanger ensemble trois parties de nitre, deux d'alcali fixe bien desséché, et une de soufre ; mettre ensuite ce mélange dans une cuillère de fer, qu'on exposera à un feu doux, capable néanmoins de fondre le soufre : lorsqu'il sera parvenu à un certain degré de chaleur, il détonnera avec un fracas épouvantable, et tel qu'un coup de canon.

Cela n'arriverait pas , si cette poudre était exposée à un feu trop violent , il n'y aurait alors que les parties les plus exposées au feu , et en petite quantité , qui détonneraient tout à coup, ce qui diminuerait de beaucoup l'effet.

Si on la jetait sur le feu , elle ne détonnerait pas non plus , elle ne produirait guère d'autre effet que le nitre pur , qui détonne bien , mais sans explosion.

Former une combinaison qui , étant froide , soit liqui-de , et au contraire , étant chauffée , devienne consistante en forme de gelée.

Prenez parties égales d'alcali fixe , soit végétal , soit minéral , et de chaux vive bien pulvérisée , mettez-les ensemble dans une quantité d'eau suffisante, que vous soumettrez à une forte et prompte ébullition ; filtrez ce qui en résultera : cette liqueur passera d'abord avec difficulté par le filtre , ensuite plus facilement. Conservez-la dans une bouteille bien close , Faites-la de nouveau bouillir promptement , soit dans la bouteille , soit dans un autre vase, vous la verrez se troubler et prendre tout de suite la consistance d'une colle très-épaisse. Laissez-la refroidir , elle reprendra sa transparence et sa liquidité , et cela à plusieurs reprises.

Deux poisons violents devenant , par le mélange , une
substance qu'on mange journellement.

Si l'on mêle ensemble de l'acide hydrochlorique liquide , et une dissolution de soude caustique , ces deux poisons violents deviennent ,
par leur mélange , du sel de cuisine.

Poudre insoluble produite par le mélange de deux
liquides.

Si l'on met dans un verre à boire une dissolution étendue d'hydrochlorate de baryte , et
qu'on y ajoute quelques gouttes d'acide sulfurique , une poudre insoluble produite par le
mélange de deux liquides se précipitera au fond
du vase , ce précipité est du sulfate de baryte.

Faire paraître tout à coup un éclair dans une chambre,
quand on y entrera avec un flambeau allumé.

Il faut faire dissoudre du camphre dans de
l'esprit de vin , placer ensuite le vase dans une
chambre petite et bien close , et faire évaporer
l'esprit de vin par une forte et prompte ébullition ; lorsque vous entrerez peu après dans cette chambre avec un flambeau , l'air s'enflammera , mais sans aucun danger , tant cette inflammation sera prompte et de peu de durée.
On obtiendrait probablement le même effet

en remplissant l'air d'une chambre, d'une poussière épaisse de la semence d'un certain lycoperdon , qui est inflammable ; car cette semence , qui est très-menue , et comme une poussière , s'enflamme comme la poix-résine pulvérisée dont on se sert pour les flambeaux des furies et pour faire des éclairs dans l'opéra ; et l'on ferait peut-être bien de l'y substituer , parce qu'elle ne produit pas l'odeur désagréable qui résulte de la poix-résine brûlée , et qui empoisonne les spectateurs.

Couleur que l'on fait paraître ou disparaître.

Prenez un flacon , mettez-y de l'alcali volatil , dans lequel vous aurez fait dissoudre de la limaille de cuivre , cela vous produira une couleur bleue. Vous présenterez le flacon à quelqu'un à boucher en lui faisant quelques plaisanteries , et au grand étonnement de la compagnie , on verra la couleur disparaître , sitôt que le flacon sera bouché. Vous la ferez reparaître aisément en ôtant le bouchon , ce qui ne paraîtra pas moins surprenant. On voit que c'est l'action de l'air qui fait tout le merveilleux de ce changement.

Champignon philosophique.

Parmi les phénomènes surprenants et nombreux résultants de divers procédés chimiques, un des plus curieux sans doute est celui de l'inflammation des huiles essentielles par le mélange de l'acide nitreux. Il est en effet étonnant de voir une liqueur froide prendre feu lorsque l'on verse dessus une autre liqueur froide : tel est le procédé par le moyen duquel on parvient à former en trois minutes le champignon, nommé champignon philosophique.

Il faut, pour faire cette opération singulière et récréative, se servir d'un verre à patte un peu grand, et dont la base se termine en pointe.

Vous mettrez dans votre verre une once d'esprit de nitre bien raréfié ; puis vous verserez dessus une once d'huile essentielle de Gayac. Ce mélange produira une fermentation très-considérable accompagnée de fumée, au milieu de laquelle les spectateurs verront s'élever dans l'espace de trois minutes un corps spongieux tout à fait semblable au champignon ordinaire.

Cette substance spongieuse, formée de parties grasses et huileuses du bois de Gayac, étant soulevée par l'air, s'enveloppe d'une couche très-mince de la matière dont est composée l'huile de Gayac.

Tours d'équilibre.

On lit dans l'ouvrage de M. *Decremps*, tome 2, page 221 et suivantes, les expériences d'équilibre que nous allons indiquer :

« Monsieur Miller tenant horizontalement une baguette dont il appuyait un bout sur un chambranle, en soutenant l'autre bout avec

sa main , nous adressa ces mots : Croyez-vous
Messieurs , que cette baguette conserverait sa
position actuelle , si je cessais de la soutenir
avec ma main ? Elle ferait infailliblement la
culbute , lui répliqua-t-on d'une commune
voix. Croyez-vous ; continua M. Miller, qu'elle se soutiendrait mieux , si le bout que je
tiens devenait plus pesant par l'addition d'un
corps grave , qui ne s'appuierait nulle part
qu'au bout de la baguette où il serait suspendu ? Alors on lui répondit que la baguette ne
pouvant pas se soutenir elle-même , ne pourrait pas , à plus forte raison , soutenir un

Fig. 21.

poids qui lui serait surajouté de cette manière. Vous allez bientôt voir le contraire , dit M.
Miller en attachant une chaise au bout de la
baguette dans la position que représente la
fig. 21. »
« Alors on vit une expérience toute simple ,

contre laquelle , un instant auparavant , on aurait accepté des paris considérables , si M. Miller avait été homme à les proposer. »

« La simple annonce de cette expérience , dit M. Miller , est une espèce de paradoxe physique pour tous ceux qui n'en ont jamais vu l'exécution ; mais aussitôt qu'on la voit , un fait qui , dans l'expression , semblait contredire les lois de la nature , y paraît au contraire très-conforme , et chacun dit , *j'en ferais bien autant.* C'est pour rendre cette expérience plus frappante et beaucoup plus mystérieuse aux yeux de ceux même qui en sont les témoins , que j'y ai fait quelques changements »

« Alors il nous présenta un lustre à quatre branches , portant au haut de sa tige une boule , au milieu de laquelle était une ouverture cylindrique dans une direction horizontale ; il nous dit qu'en faisant entrer un bout de la baguette dans cette ouverture , et en appuyant l'autre bout sur le chambranle , comme auparavant , le lustre resterait suspendu comme la chaise , mais cette expérience ne réussirait qu'entre ses mains. En effet, M. Hill ne put pas parvenir à suspendre le lustre , parce qu'une seule branche s'avançait sous le point d'appui , tandis que les trois autres au-dehors poussées par une plus grande force , et s'approchant du centre de la terre , en décrivant un arc , faisaient incliner et ensuite glisser la baguette sur le bord du chambranle. Nous fûmes surpris de voir que ce même obstacle n'avait pas lieu entre les mains de M. Miller (fig. 22) ; mais

7 *

nous le fûmes encore davantage quand il nous dit que, si nous voulions essayer nous-mêmes encore une fois, il ferait réussir ou manquer l'expérience à sa volonté sans toucher à rien. Je pris alors le lustre, que je tâchai de suspendre, mais ce fut en vain. Deux minutes

Fig. 22.

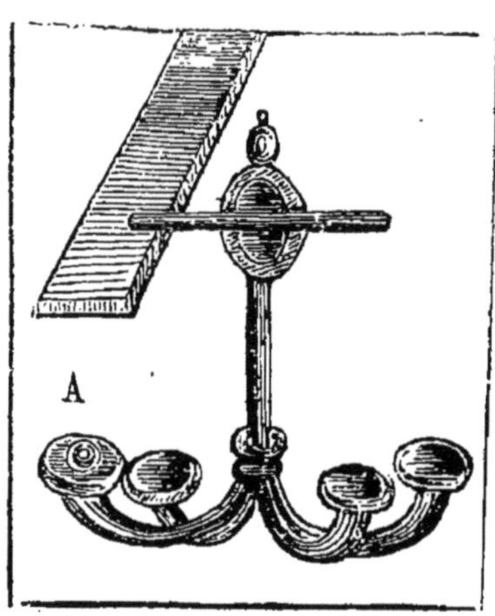

après, M. Miller me dit, *essayez encore une fois*, je veux maintenant que le lustre et la baguette se soutiennent en l'air, pourvu toutefois, ajouta-t-il en riant, que vous ayez été sage depuis vingt-quatre heures ; et, dès ce moment, je fis réussir l'expérience aussi bien que lui. »

« Je pense, s'écria M. Hill, que le lustre n'est point composé de matière homogène. Vous avez raison, dit M. Miller ; et ensuite, pour ne pas nous tenir plus longtemps en suspens, il nous donna l'explication que voici : »

« Quand je mets le lustre entre vos mains,
la branche A , qui passe sous le chambranle,
est du même poids que chacune des autres,
et cède à l'effort réuni que les trois autres
font pour s'approcher du centre de la terre ;
elle s'élève en décrivant un arc, à mesure
que les autres descendent , et la baguette
qui se baisse dans la même proportion , glisse sur le chambranle et tombe à terre , mais
lorsque je veux faire moi-même l'expérience , je mets secrètement dans la bobèche , au
bout de la branche A , une balle de plomb,
qui , tendant vers la terre , avec autant de
force que les trois autres branches , les em-

Fig. 23.

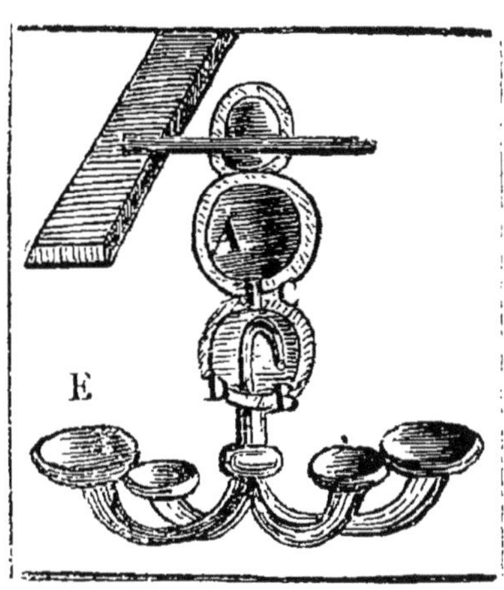

pêche d'avancer sous le point d'appui. La
baguette ne peut donc alors cesser d'être paral-
lèle à l'horizon et par conséquent elle ne peut
descendre. »

« Quand je veux faire manquer ou réussir

l'expérience entre vos mains , sans toucher au lustre , j'en substitue un second au premier , les branches de ce nouveau lustre sont (fig. 23) entre elles du même poids comme celles du précédent : l'expérience ne peut donc avoir lieu sans ajouter un certain poids à celle qui s'avance sous le chambranle. Voici le moyen que j'emploie pour rendre cette branche plus pesante sans y toucher. »

« Tandis que vous essayez de faire l'expérience , une certaine quantité de mercure , qui remplit la boule A , passe dans la boule B , dans l'espace d'environ trois ou quatre minutes. Aussitôt que le mercure est monté dans cette seconde boule jusqu'au point C , il s'écoule tout entier selon les lois de l'hydrostatique par le siphon B , C , D , et passe en un instant dans la boule E , où il produit le même effet que la balle de plomb dans le premier lustre ; par ce moyen , l'expérience réussit alors , quoiqu'elle n'ait pas pû avoir lieu 2 ou 3 minutes auparavant ; et comme j'ordonne en commençant qu'elle ne puisse pas avoir lieu , et 3 minutes après , qu'elle réussisse parfaitement , chacun s'imagine que je peux faire manquer ou réussir l'expérience par ma seule volonté , sans employer aucun moyen physique. »

Manière de faire de deux liqueurs un corps solide.

On trouve dans les expériences de physique de Poligiére le procédé suivant pour former un

corps solide avec deux liqueurs. Faites dissoudre, dit-il, dans de l'eau ordinaire une once
de sel marin, et ajoutez-y environ trois onces
de chaux vive ; faites bouillir le tout pendant
quelque temps. Ayez une forte dissolution de
tartre. Si on mêle ensemble dans un vase de
verre de la dissolution de sel marin et chaux
vive ci-dessus, avec égale partie d'une forte
dissolution de sel de tartre, et que l'on batte
ces deux liqueurs avec un petit bâton plat,
elles formeront une masse blanchâtre, qui
s'épaissira peu à peu, et dont on pourra former
une boule assez solide pour pouvoir parvenir
à la rouler avec les mains sur une table. Cette
coagulation se perd aisément, et l'on rend la
liquidité au mélange dès que l'on verse dessus
un acide assez puissant pour désunir ces molécules qui se sont jointes. Pour cet effet, il ne
faut que verser dessus la coagulation un peu
d'esprit de nitre, aussitôt le mélange revient
dans son premier état de liquidité.

On connait en chimie, sous le nom de *miracle chimique*, une espèce de coagulation,
qui consiste à mêler une dissolution d'alcali
fixe bien concentrée avec une dissolution de
nitre ou de sel marin à base terreuse bien chargée. La terre se précipite en si grande abondance, qu'il résulte une masse assez solide du
mélange de ces deux liqueurs. Comme cette
expérience a quelque chose de merveilleux et
de surprenant, quelques chimistes lui ont donné le nom de *miracle chimique*.

Rendre leur fraîcheur aux fleurs fanées.

Lorsque les fleurs sont restées quelque temps dans l'eau, elles commencent à se faner ; on les rétablit presque toutes en les plaçant dans l'eau bouillante jusqu'à la hauteur de la tige, au bout du temps nécessaire pour le refroidissement de l'eau, les fleurs se redressent et reprennent toute leur fraîcheur.

Changement merveilleux de couleurs.

Un physicien nous montra sept bocaux remplis de liqueurs différemment colorées et nous dit : Messieurs, je ne fais point comme le vulgaire des chimistes qui pour changer la couleur d'une substance liquide en versent une autre, qui, par le mélange, produit le changement. Je ne verserai rien, je ne toucherai point à mes bocaux, et cependant, à votre commandement, ils changeront tous de couleur. Alors à mesure que nous l'ordonnions et sans qu'on touchât à l'appareil, le bocal jaune devint vert, le bleu fut changé en cramoisi, le rouge devint bleu, et le bleu parut violet. Le brun fut aussi changé en jaune, le rouge en noir, et le vert en rouge.

Cette expérience nous surprit, d'autant plus que nous ne pouvions entrevoir aucun moyen naturel de l'exécuter : mais nous fûmes encore plus surpris , lorsqu'on opéra sur trois autres bocaux , car l'un qui était vert , perdit sa couleur pour la reprendre ensuite au commandement , et tandis que le second qui était rouge, devenait noir pour recouvrer ensuite sa première couleur , le dernier qui contenait une liqueur limpide , devint alternativement noir , transparent , et encore noir.

Si nous eussions vu verser dans les bocaux quelque liqueur , ou quelque poudre , nous aurions attribué à cette cause des effets qui auraient été alors beaucoup moins surprenants , mais ne voyant absolument rien de cette nature, et voulant cependant tâcher de découvrir quelque moyen d'expliquer de pareils phénomènes, nous priâmes le physicien-chimiste , de vouloir bien réitérer ses expériences , en lui disant qu'on ne pouvait se lasser de les voir et de les admirer.

Ce ne serait qu'avec bien de la peine , nous dit-il , que je pourrais recommencer ; et j'aurais besoin pour cela de quelques préparatifs ; mais si vous voulez savoir par quel art je produis ces petites métamorphoses , apprenez que tous mes bocaux adaptés à ma commode , communiquent par un tuyau caché à des vases qui sont un peu plus élevés dans la chambre voisine , et que par conséquent , lorsque mon domestique , verse secrètement dans quelqu'un de ces vases une certaine liqueur , elle se glisse aussitôt dans le bocal correspondant , pour y introduire les changements qui viennent de vous surprendre.

Il nous donna ensuite la recette des liqueurs

qu'il fallait mettre dans les vases ou dans les bocaux, et je vais en faire présent à mes lecteurs.

1.° Pour faire changer le jaune en vert.

Le bocal doit contenir de la teinture de safran et le domestique caché dans la chambre de derrière doit verser dans le vase, de la teinture de roses rouges.

2.° Pour faire changer le bleu en cramoisi.

Teinture de violettes dans le bocal, et esprit de soufre dans le vase.

3.° Pour changer le rouge en bleu.

Dans le bocal, teinture de roses rouges, et dans le vase, esprit de corne-de-cerf, etc.

4.° Pour changer le bleu en violet.

Dans le bocal teinture de violettes, et dans le vase, de la dissolution de cuivre.

5.° Pour changer le brun en jaune.

Du lixivium dans le bocal, et de la dissolution de vitriol de Hongrie, dans le vase.

6.° Pour changer le rouge en noir.

Dans le bocal, de la teinture de roses, et

dans le vase , de la dissolution de vitriol de Hongrie. .

7.º Pour changer le vert en rouge.

De la dissolution de cuivre dans le bocal , et de la teinture de cyanus dans le vase.

8.º Pour ôter et rendre sa couleur au vert.

Dans le bocal, dissolution de cuivre , et dans le vase , 1.º de l'esprit de nitre , 2.º de l'huile de tartre.

9.º Pour faire que le rouge devienne noir , et ensuite ouge.

Dans le bocal , teinture de roses , et dans le vase , 1.º dissolution de vitriol , 2.º huile de tartre.

10.º Pour faire qu'une couleur limpide devienne successivement noire , transparente, et encore noire.

Dans le bocal, de l'infusion de galle , et dans le vase , 1.º dissolution de vitriol , 2.º huile de vitriol , 3.º huile de tartre.

Manière de colorer l'eau.

On obtient de l'eau d'un beau bleu en jetant dans l'eau une dissolution d'ammoniure de cuivre ; de l'eau verte au moyen d'une dissolution

de muriate de cuivre ; de l'eau rouge, au moyen
d'une décoction de bois de fernambouc à laquelle on ajoute de l'alun ; de l'eau jaune avec une
dissolution de potasse ; de l'eau violette, au
moyen d'un peu de teinture alcoolique d'oseil-
le ; et de l'eau noire en mélangeant l'eau d'une
infusion de noix de gaile, et d'une dissolution
de couperose verte.

Détruire la couleur rose d'un ruban, et la rétablir avec
de l'eau.

Si l'on plonge un ruban dans un verre contenant neuf parties d'eau, et une partie d'acide nitrique sa couleur disparaît et l'on dit communément que cette couleur est brûlée, mais
si on lave ce ruban dans un autre verre d'eau
contenant de la terre à foulon en dissolution,
sa couleur reparaîtra aussi vive qu'auparavant.

Comment on peut faire, par une composition chimique,
un volcan artificiel.

On doit à M. Lémery, cette curieuse expérience qui sert à rendre une raison assez sensi-
ble et assez vraisemblable des volcans.
Faites un mélange de parties égales de limaille de fer et de soufre pulvérisé, réduisez-
le en pâte avec de l'eau, et enfouissez une
forte quantité de cette pâte, comme une cin-
quantaine de livres, à un pied environ sous
terre ; si le temps est chaud, vous verrez,

après une dizaine d'heures environ la terre se boursoufler, se crever, et sortir des flammes qui agrandiront les ouvertures, et répandront à l'entour une poudre jaune et noirâtre.

Il est probable que ce qui se passe ici en petit, se passe en grand dans les volcans ; car on sait d'abord, que les volcans fournissent toujours du soufre en quantité ; on sait de plus, que les matières qu'ils rejettent, abondent en particules métalliques et probablement ferrugineuses, car il n'y a que le fer qui ait la propriété de faire effervescence avec le soufre lorsqu'on les mélange ensemble.

Or, il est aisé de concevoir par ce que produit une petite quantité du mélange ci-dessus, de celui que produirait une quantité de plusieurs milliers ou millions de livres d'un pareil mélange ; on ne peut douter qu'il n'en résultât des phénomènes aussi redoutables que ceux des tremblements de terre et des volcans qui les accompagnent ordinairement.

Fondre du plomb enveloppé dans du papier, sans brûler ce dernier.

Enveloppez dans du papier une petite balle de plomb, et suspendez-la, au moyen d'une pince, au sommet de la flamme d'une bougie ; le plomb fondra sans que le papier soit brûlé, à l'exception du trou par lequel le plomb fondu passera.

Combustion curieuse de l'étain.

Prenez une feuille mince d'étain, de cinq à six pouces de hauteur sur trois de largeur ; étendez-la bien et mettez-y deux gros de nitrate de cuivre, dont vous ferez une pâte liquide avec une égale quantité d'eau, et couvrez-la d'étoupes ; pliez ensuite cette feuille autour de ce sel, en ayant soin d'en presser les bords, afin que l'air n'y puisse point pénétrer. Bientôt le mélange s'échauffe ; une portion du nitrate se fait jour à travers la feuille d'étain, et il se dégage sur divers points beaucoup de deutoxide d'azote, ainsi que des étincelles d'étain enflammé, accompagnées de petits jets de feu.

Cette opération est d'une exécution plus facile lorsqu'on arrose la feuille d'étain avec un peu d'eau, si, lorsque le gaz tend à se dégager, la réaction est faible.

Nota. Dans cette expérience le nitrate de cuivre est décomposé, et l'oxigène de l'oxide de cuivre se porte rapidement sur l'étain et en élève tellement la température que ce dernier métal est enflammé: une portion d'acide nitrique est également décomposée, et se dégage à l'état de deutoxide d'azote.

Métal qui projette du feu en le limant.

Mettez peu à peu deux parties de limaille de fer dans une d'antimoine en fusion ; remuez afin de faciliter leur alliage, et laissez refroidir. Si vous limez ce nouveau métal avec une grosse lime et que vous le pressiez fortement, il s'en dégage des étincelles scintillantes qui répandent une lumière blanche, ainsi que des étincelles rouges non scintillantes.

Dans cette expérience on a deux métaux, l'un (l'antimoine) qui est très-cassant et se fond à une élévation de température peu élevée; l'autre (le fer) qui communique au premier assez de dûreté pour qu'il faille un choc violent pour l'entamer. Or, dans ce cas, la lime fait sur cet alliage le même effet que le briquet sur l'acier, et comme l'antimoine est très-fusible et très-combustible, la somme du calorique dégagé est suffisante pour l'enflammer.

On pense que les particules qui donnent une flamme blanche sont celles qui ont été produites lorsque le frottement de la lime a été le plus fort, et le rouge quand il a été plus faible.

Faire nager des aiguilles sur l'eau.

Posez légèrement de petites aiguilles à coudre sur la surface d'un verre plein d'eau, elles

8 *

surnageront ce fluide. Si l'on fait cette expérience avec deux aiguilles et qu'on les mette dans une direction oblique, et à une distance de six à sept millimètres, celle dont l'extrémité se trouve vis-à-vis le milieu de l'autre s'en approche avec rapidité, la touche, fait un mouvement de rotation autour du point de contact et lorsqu'elles se sont unies parallèlement, elles glissent l'une contre l'autre jusqu'à ce que les deux extrémités de la plus courte soient dépassées par les deux de la plus longue.

La plupart des physiciens pensent que les aiguilles ne surnagent l'eau que parce qu'elles se mouillent difficilement, et parce que le volume de la dépression joint à celui du corps, finit par rendre le poids spécifique de leur ensemble moins fort que celui du volume du liquide déplacé. Ce qu'il y a de certain, c'est que cette expérience ne réussit qu'avec des aiguilles bien sèches ; pour si peu qu'elles soient mouillées, elles tombent aussitôt au fond du vase. Quant au rapprochement des aiguilles, il doit être attribué à l'influence de pressions extérieures.

Faire crever un canon de fusil très-épais, ou une sphère de cuivre, au moyen de l'eau.

Prenez un canon de fusil ou une sphère de cuivre, l'un et l'autre fort épais ; remplissez-les exactement d'eau et bouchez-les au moyen d'une forte vis ; exposez alors ce canon ou ce globe à un très-grand degré de froid , l'un et l'autre crèveront. Ce degré de froid , vous pouvez l'obtenir par des mélanges frigorifiques, voici l'un des plus simples : prenez trois parties de neige ou de glace pilée et quatre de potasse , mélangez-les , le thermomètre s'abaissera de 0° à − 46°

On peut se rendre compte de ce fait de la manière suivante : l'eau , en diminuant de température , diminue , comme tous les autres corps , de volume ; mais lorsqu'elle se trouve portée à 4° au-dessus de 0 , ce même volume augmente au contraire par la disposition symétrique que commencent à prendre ses molécules. En passant enfin à l'état de glace , elle augmente encore de volume avec une force et une expansion telles, que les vases qui en contiennent suffisamment sont cassés , et que, dans les hivers rigoureux , on voit même les pierres se fendre. Quelques physiciens ont calculé que , dans ces cas , la force de la glace était égale à celle qui soutiendrait un poids de 27,700 livres.

Deux fluides invisibles produisant , lorsqu'ils sont placés à une certaine distance l'un de l'autre, des nuages blancs denses.

Humectez la surface intérieure d'un grand verre à boire d'acide hydrochlorique, et préparez de la même manière, au moyen d'une plume, un second verre avec de l'ammoniaque liquide. Si vous tenez l'un et l'autre de ces verres à une certaine distance l'un de l'autre, ils paraitront vides, quoiqu'ils contiennent en réalité l'un de la vapeur d'acide hydrochlorique, et l'autre de la vapeur d'ammoniaque ; mais s'ils sont placés très-près l'un de l'autre, ou s'ils sont posés l'ouverture de l'un renversée sur celle de l'autre, ils deviendront, l'un et l'autre, remplis de vapeurs blanches et épaisses, qui rouleront l'une au-dessus de l'autre pendant quelque temps comme un nuage, et finiront par se condenser en une croûte cristalline légère sur les côtés intérieurs des verres.

Nota. L'union des deux vapeurs invisibles produit l'hydrochlorate d'ammoniaque.

Poudre qui s'enflamme lorsqu'on la touche avec un acide.

Si après avoir réduit en poudre 3 à 4 décigrammes de chlorate de potasse, on les mêle par trituration dans un mortier avec 4 à 5 décigrammes de sucre en pain, et qu'ensuite on laisse tomber sur ce mélange une goutte ou deux d'acide sulfurique, ou si on le touche simplement avec l'extrémité d'une baguette de verre mouillée avec cet acide, il prend feu et brûle rapidement.

Cette expérience peut se faire sans aucun danger.

Rompre un bâton reposant sur deux verres sans les casser.

Prenez un bâton bien uni , de moyenne grosseur , effilez ses deux extrémités et faites-les reposer par leur pointe sur deux verres ; frappez ensuite un coup fort sur le milieu , avec un autre bâton , mais plus gros et vous le romprez aussitôt sans casser les verres.

Faire paraître des caractères lumineux, sans employer de moyen chimique.

Faites chauffer des lettres saillantes de fonte ou de cuivre , appliquez-les sur un papier bien sec ; en le portant dans un lieu obscur , ces caractères paraîtront lumineux.

Méthode facile pour argenter l'ivoire.

Après avoir plongé une lame d'ivoire poli dans une dissolution étendue de sous-nitrate d'argent , on la laisse dans cette dissolution jusqu'à ce que l'ivoire ait acquis la couleur d'un jaune brillant; on l'en retire alors pour la plonger dans un verre d'eau distillée, et on l'expose dans l'eau aux rayons directs du soleil. Lorsque l'ivoire a été soumis ainsi pendant deux ou trois heures à l'action de la lumière solaire, il paraît noir ; mais si on le frotte un peu, cette surface noire devient brillante et métallique, et la lame d'ivoire ressemble alors à une lame d'argent.

Quoique cette couche de métal revivifié soit extrêmement mince, cependant, si l'ivoire a été bien imprégné de sous-nitrate d'argent, la dissolution pénètre à une grande profondeur, et à mesure que l'argent de la surface de l'ivoire s'use par le frottement, l'oxide qui est au-dessous, cessant d'être recouvert, et devenant ainsi exposé à la lumière, forme une couche nouvelle de métal revivifié pour la remplacer, et la surface de l'ivoire ne perd pas son aspect métallique.

Nota. Cet effet est dû à l'action de la lumière solaire, qui décompose le sous-nitrate d'argent en lui enlevant son oxigène, qui s'en sépare à l'état de gaz ; et l'argent reparaît sous sa forme métallique.

Faire bouillir de l'eau sur la surface de la glace.

Après avoir mis dans un tube cylindrique de verre, d'environ 2 décimètres de long et de 12 à 15 millimètres de diamètre, assez d'eau pour en occuper l'espace de 1 à 2 centimètres, on fait congeler cette eau au moyen d'un mélange frigorifique. On remplit alors le tube avec de l'eau froide jusqu'à 2 ou 3 centimètres du som-

met , et l'on entoure la partie inférieure , qui
contient la glace, avec une flanelle mise en double. Tout étant ainsi disposé , on tient le tube
incliné sous un angle d'environ 45 degrés , au-
dessus de la flamme d'une lampe à esprit de
vin , de manière que la portion de l'eau dans
la partie supérieure du tube puisse seule être
chauffée , en ayant soin de tenir le tube dans
la main par sa partie qui est enveloppée dans
la flanelle. Lorsque la surface de l'eau bout ,
la chaleur peut être appliquée graduellement
de plus en plus vers la partie inférieure du tube ; et l'on peut faire ainsi bouillir l'eau très-
vivement jusqu'à 12 ou 15 millimètres de la
surface de la glace , sans qu'il s'en soit fondu
aucune portion notable.

Si l'on fait l'expérience en sens inverse ,
en appliquant la chaleur au fond du tube rempli d'eau , ayant un morceau de glace flottant
à sa surface , l'eau devient promptement chaude et la glace fond en très-peu de temps.

Faire bouillir de l'eau chaude par l'application du froid,
  et la faire cesser de bouillir par l'application de la
  chaleur.

Si , après avoir fait bouillir vivement pendant quelques minutes , l'eau d'un flacon à
moitié rempli en le plaçant au-dessus d'une
lampe ou d'un réchaud , on en ferme aussi
promptement que possible l'ouverture avec
un bouchon de liége , et si sur ce bouchon on

pose des bandes de vessie mouillées afin d'exclure parfaitement l'air du flacon ; alors , en ôtant l'eau de la source de chaleur, elle continue encore de bouillir pendant quelques minutes ; et, quand l'ébullition a cessé, on peut la renouveler , soit en entourant la partie vide du flacon d'un linge mouillé avec de l'eau froide, soit en mettant de l'eau froide sur la partie supérieure du flacon , mais si l'on applique de l'eau chaude au flacon , l'ébullition cesse aussitôt. On peut ainsi renouveler l'ébullition par l'application d'eau froide et la faire cesser de nouveau avec de l'eau chaude.

Allumer de l'esprit de vin sans contact réel de feu.

Après avoir versé dans une capsule en porcelaine très-épaisse 8 à 10 grammes d'esprit de vin , ajoutez-y 6 à 8 décigrammes de chlorate de potasse. Si à ce mélange on ajoute encore 8 à 10 grammes en mesure d'acide sulfurique , il commence à bouillir ; de petits globes de feu de couleur d'un bleu vif sont dardés en grand nombre du fluide, qui, bientôt après s'enflamme en totalité.

Si l'on se servait d'une capsule de verre , elle serait très-probablement brisée ; et une capsule métallique , à moins qu'elle ne fût d'or ou de platine , serait fortement corrodée.

Moyen de graver sur verre.

Après avoir bien dégraissé un morceau de glace ou de toute autre espèce de verre , on le recouvre partout , soit avec le vernis dur des graveurs à l'eau forte , soit avec de la cire. Cette croûte étant sèche , on trace dessus , au moyen d'une aiguille ou autre instrument à pointe aiguë, comme dans la gravure ordinaire , le dessin qu'on a l'intention d'y figurer , en ayant soin que toute trace ou ligne formée avec l'instrument soit tirée nette et unie , à travers la couche de vernis, à la surface du verre, de manière qu'on puisse apercevoir la lumière à travers la croûte partout où le vernis est enlevé.

Les choses étant ainsi disposées , on met dans un bassin de plomb une partie de spath-fluor (fluate de chaux) pulvérisé , en y ajoutant deux parties d'acide sulfurique ; on place alors le verre, le côté gravé tourné du côté du bassin , et l'on tient le vaisseau au-dessus d'une lampe , pendant quelques minutes , ou seulement pendant qu'il se dégage du mélange des fumées blanches en abondance ; après quoi le vaisseau étant retiré de dessus la lampe , on laisse le verre se corroder par l'action des fumées blanches ou du gaz acide fluorique , ce qui s'opère dans l'espace de huit à dix minutes. Le vernis ou la cire peut être enlevé au moyen d'huile de térébenthine.

Phys.   9

Degré de température auquel certains liquides se congèlent.

Ether sulfurique à —	43	33
Alcool à —	21	66
Eau à —	0	»
Eau de mer à —	6	»
Mercure à —	39	44
Huile de térébenthine à —	10	»
Huile d'olive à +	2	22
Vins généreux à —	6	66
Vinaigre à —	2	22
Idem concentré à —	10	»
Acide nitrique, poids spéc. 1,424 —	43	55
Acide nitrique, poids spéc. 1,409 —	34	55
Acide nitrique, poids spéc. 1,388 —	27	83
Acide sulfurique, poids spéc. 1,641 —	42	77
Acide sulfurique, poids spéc. 1,806 —	32	22
Lait à —	1	11
Ammoniaque à —	43	33
Acide hydrocyanique pur de 15,55 à —	15	«
Sang à —	3	80

Tableau des quantités moyennes (en centimètres) de pluie qui tombent sur différents points de la terre.

Cap Français (Saint Domingue)	308
La Grenade (Antilles)	284
Tivoli (Antilles)	273

Carfagnana	249
Bombay	208
Calcutta	255
Kendal	156
Gênes	140
Charlestown	130
Joyeuse	129
Pise	114
Milan	96
Naples	95
Douvres	95
Viviers	92
Lyon	89
Liverpool	86
Manchester	84
Venise	81
Lille	76
Utrecht	73
La Rochelle	66
Paris	54
Marseille	47
Pétersbourg	46

Dans le midi de la France, il est une foule de localités, où il ne tombe pas 30 centimètres d'eau par an, surtout dans celles où l'on a déboisé toutes les montagnes. Il n'est pas rare de n'y pas voir tomber de la pluie de trois ou quatre mois. Il y a une vingtaine d'années que dans l'arrondissement de Narbonne, il ne tomba pas une goutte de pluie pendant dix-huit mois.

Degré de calorique auquel les liquides entrent en ébullition et se réduisent en vapeurs.

L'éther à	37°78	
Carbure de soufre.	45	»
Alcool.	78	5
Eau.	100	»
Huile de térébenthine	157	77
Acide hydrochlorique	111	11
Acide nitrique	115	55
Acide sulfurique d'un poids spécifique de 1, 30. . . , ...	115	55
Acide sulfurique à son plus grand état de concentration	318	»
Huile de lin.	336	66
Mercure.	347	»

FIN

TABLE

DES

AMUSEMENTS DE PHYSIQUE

DE CHIMIE, etc.

FIN DE LA TABLE.

www.ingramcontent.com/pod-product-compliance
Ingram Content Group UK Ltd.
Pitfield, Milton Keynes, MK11 3LW, UK
UKHW022315070726
13614UKWH00002B/748